Die Pferde aus Juhola

Wir widmen dieses Buch Hilkka und Antti Seppälä, Hanna und Veikko Vanhala, Frans Toivola, den ersten Pferdefreunden unserer Kindheit, den Finnland-Arbeitspferden Humu und Ilo. Wir danken Euch dafür, dass Ihr uns Freundschaft und Verehrung für das Leben beigebracht habt.

LINKS HUMU UND SINI, RECHTS ILO („FREUDE“ AUF DEUTSCH) UND PAULIS GROSSVATER FRANS TOIVOLA.

„Das Pferd hat keinerlei Verpflichtung, den Menschen zu verstehen und ihm zu dienen. Trotzdem ist das Pferd bereit, den Menschen zu tragen und seine Lasten zu ziehen. Das ist ein großes Opfer, für das der Mensch dankbar sein muss. Am besten und schönsten ist das Pferd unter seinesgleichen. Großartig ist es, wenn der Mensch dies versteht und das Pferd so liebt wie es sein soll: Frei.“

Frans Toivola (1894–1976)

Die Pferde aus Juhola

Der Traum vom Leben mit Pferden
Das Tagebuch unserer Pferdeherde

PAULI VAN HALA · SINI SEPPÄLÄ-VAN HALA

KOSMOS

Finnische Originalausgabe erschienen 2002 bei WSOY, Porvoo, Finnland (ISBN 951-0-27299-x)
unter dem Titel „Hevosen vuosi“

Homepage www.vanhala.net

Bibliografische Information Der Deutschen Bibliothek
Die Deutsche Bibliothek verzeichnet diese Publikation in der Deutschen Nationalbibliografie;
detaillierte bibliografische Daten sind im Internet über http://dnb.ddb.de abrufbar.

Umschlaggestaltung: Claudia Kupferer unter Verwendung von 6 Farbfotos
von Sini Seppälä-Van Hala und Pauli van Hala.
Mit 178 Farbfotos.

Aus dem Finnischen übersetzt von Heinrich Pesch unter Mitarbeit von Caren Salden, Andrea
Timmsen und Deborah Wagner.
Für die deutschsprachige Ausgabe:

ISBN 3-440-09716-1
Textlektorat: Sigrid Eicher
Projektleitung: Alexandra Haungs
Produktion: Kirsten Raue / Claudia Kupferer
Printed in Germany / Imprimé en Allemagne

Inhalt

Die Bewohner von Juhola

Der Gutshof hat seinen Namen von der Familie Juhola, die in dieser Region Streichholzfabriken besaß. Der Hof besteht seit 1770, umfasst aber heute eine viel kleinere Fläche als damals. Unser Grundsatz ist, dass jedem Pferd im Jahr 1–1,5 Hektar Weide zur Verfügung stehen sollen. Viele unserer Pferde haben Schlimmes hinter sich und dürfen nun in Ruhe bei uns ihren Lebensabend verbringen. Auf den Fotos im Buch sind auch ein paar Gastpferde zu sehen, die Freunden von uns gehören.

Viljami & Troia Tropic.

Kaci, die Mutter von Troia und Somnus.

Somnus.

Der Hengst Ibn Maysoun.

Seine Frau Bint Babolna.

Ihr Sohn, Kis Galal.

Sini und Fauno Salteno.

Unten links: Padda fra Efstadal, dann Kristo, Paddas bester Freund. Unten rechts: Pauli und Preziosa MK.

Linda Tellington-Jones: Zum Geleit

Der Traum vom Leben mit Pferden

Als ich dieses Buch zum ersten Mal in den Händen hielt, zogen mich die wunderschönen Fotos in ihren Bann. Bilder voller Harmonie. Bilder, die Geschichten erzählen. Pferde sind Persönlichkeiten, jedes Einzelne hat einen Charakter, der sich in seinem Verhalten und in seinem Äußeren offenbart.

Sini und Pauli beschreiben das Zusammenleben mit ihren Pferden, Tag um Tag, von Jahreszeit zu Jahreszeit. Sie berichten von ihren Schwierigkeiten, aber auch den magischen Momenten, die sich durch das enge Beisammensein mit Tieren ergeben.

Menschen leben seit Jahrtausenden Seite an Seite mit Pferden zusammen. Die Menschen lernten von den Pferden, die Pferde lernten von den Menschen.

Gerade in unserer modernen, oft hektischen Welt sind solche Erfahrungen unglaublich wertvoll, und es ist wichtig, das Wissen mit anderen zu teilen. Dieses Buch erfüllt die Sehnsucht nach Natur, die in uns allen schlummert. Genießen Sie es genauso wie ich.

Linda Tellington-Jones

Geburtstagsmorgen

Fast ein Jahr lang hat Kaci das große Mysterium in ihrem Leib getragen. An einem Sonntag im Frühling wird das Stutfohlen endlich geboren.

Auf die Geburt des Fohlens hatten wir einen ganzen Monat lang gewartet. Auch kurz vor der Geburt zeigte Kaci keine der üblichen Anzeichen wie Unruhe oder Harztröpfchen am Euter. Noch am Tag vorher galoppierte sie ausgelassen über die Koppel und freute sich am frischen Gras.

Doch dann fing es an. Troia kam an einem frühen Sonntagmorgen zur Welt, das Mäulchen mit Haaren besetzt und das Deckhaar aus kringeliger Wolle. Dass Fohlen im Winterfell geboren werden, ist eine Vorsichtsmaßnahme der Natur für den Fall eines kalten Frühlings.

Schon im Alter von zwei Stunden, mehr ein schmächtiger Elch als ein Pferd, lief Troia hinter Kaci her in den Wald. Immer wenn sie sich ein paar Meter verirrte, rief Kaci sie brummelnd, und Troia antwortete mit lautem Wiehern.

Zwischendurch nickte Troia auf dem Buschwindröschenteppich ein. Mindestens alle Viertelstunde trank sie Milch. Manchmal kam sie zum Menschen, senkte ihre Nase in seine Hand und blies warme Luft hinein.

Troia wurde überall gestreichelt und war vom ersten Augenblick an viel in der Nähe von Menschen. Je besser und länger Pferd und Mensch einander kennen, desto tiefer ist das Vertrauen und desto zuverlässiger die Freundschaft im späteren Leben.

Links: Wenige Stunden nach der Geburt trippelt das Fohlen auf steifen Beinen daher. Rechts: Das Fohlen ruht und Kaci berührt sanft Sinis Haar.

Ein im Frühling oder Sommer geborenes Pferd hat die besten Voraussetzungen und die beste Widerstandskraft, wenn es im Freien geboren wird. Natürliche Bedingungen machen das Pferd glücklich und langlebig. Die wichtigsten Grundlagen sind beständige Freundschaften, Bewegungsmöglichkeit und Nahrung rund um die Uhr, friedliche Atmosphäre und die eigene Herde.

Die ersten Bocksprünge

Ihren ersten Bocksprung vollführt Troia um ein Uhr am Tag ihrer Geburt.

Von der Milch gekräftig, lief Troia in großen Bögen um Kaci herum und übte bremsen und beschleunigen. Kaci stand ruhig in der Mitte, wie ein Kindermädchen, das nichts mehr erschüttern kann. Zwischendurch hielt Troia neben der Mutter an und sie beschnupperten sich zur Begrüßung. Wenn Troia trank, stand Kaci mit abgeknicktem Hinterbein und gespitzten Ohren still. Einmal fiel es Troia ein, sich zum Euter von hinten her, unter Kacis Schweif durchzuwinden, und es gelang ihr tatsächlich, ein Maul voll Milch zu ergattern. Der Nachbar brachte Kaci Knäckebrot und einen essbaren Blumenstrauß. Weil ein Fohlen anfangs leicht krank wird, durften es vorläufig nur die Familienmitglieder anfassen.

Troia machte ihren ersten Mittagsschlaf mit angewinkelten Beinen, so wie sie im Bauch von Kaci gelegen hatte. Beim vierten Mal streckte sie die Beine gerade. Zwischendurch probierte sie auch, auf dem Bauch zu schlafen, Hals und Kinn am Boden abgestützt.

Am Abend erlebte Troia ihre erste Dämmerung und hörte den Ruf des Buntspechts. Kaci hatte sich schon gut zurechtgefunden in ihrer neuen Aufgabe als wachsame Beschützerin des Fohlens. Sogar die gewohnte Stimme des Buntspechts ließ sie aufschrecken. Auch Troia fuhr auf, doch fiel sie erst einmal aufs Hinterteil. Dann suchte sie das Euter und wedelte mit ihrem kurzen Eichhörnchenschweif. Die Glück bringenden Kuckucksrufe hatte sie schon vorher vernommen.

Zum Ende des Frühlingsabends galoppierte Troia um den Hofplatz und die Kreise wurden immer größer. Kaci versuchte das Fohlen mit besorgtem Schnauben zu beruhigen, doch Troia lief nur umso schneller. Zwischendurch trank sie Milch, seufzte dabei, und dann galoppierte sie wieder.

Rechts: Troia sieht zum ersten Mal in ihrem Leben den See.
Links: Kaci und Bint Babolna in voller Hast.

Wenn ein Fohlen in waldigem Gelände aufwächst, entwickelt es einen guten Gleichgewichtssinn und schwungvolle Gänge. Ein Pferd, das in der Jugend nicht in unebenem Gelände laufen durfte, ist später oft unsicher auf den Beinen und verletzt sich leichter. Viel Bewegung in Gesellschaft von anderen Pferden verleiht erwiesenermaßen auch eine gute Kondition und starke Knochen.

bewegte. So stieg sie gerne von allein ein. Da Troia selbst herausfinden durfte, dass man wie selbstverständlich in den Wagen hineingehen konnte, würde sie sich hoffentlich auch in Zukunft leicht verladen lassen.

Der Platz war so eng, dass Troia unmöglich umfallen konnte. Über Troias Rücken wurde von Wand zu Wand ein Tuch gespannt. Falls sie aus irgendeinem Grund versuchen sollte zu steigen, würde das Tuch sie sicher wieder herunterdrücken.

Kaci wurde so angebunden, dass sie mit dem Maul bequem sowohl zum Heuhaufen als auch zu Troia hinüberreichte. Getränkt worden war Kaci schon vor der Fahrt. Eine Fahrt im Transporter kann selbst ein erfahrenes Pferd so aufregen, dass der Magen in Unordnung gerät. Durch das Schwitzen infolge der Aufregung verliert der Körper auch Wasser und Wassermangel kann zu Verstopfungen führen.

Troia war ein gelassener Fahrgast und konzentrierte sich in aller Ruhe auf die Untersuchung der Inneneinrichtung. Nach Beendigung der Prüfung verschlief sie den Rest der Fahrt im Transporter so sorglos wie eben ein Fohlen.

Am Ziel angekommen, stiegen die Pferde ruhig aus, und Troia hatte es eilig, zum Euter zu kommen. Danach stürmte sie in vollem Galopp auf dem Hof herum. Auch Kaci hatte Lust, die Beine zu strecken, und trabte mit hoch erhobenem Kopf im Kreis. Im Wagen hatte sie die Muskeln anspannen müssen, um das Gleichgewicht zu halten.

Es war spät Frühling geworden in diesem Jahr, aber an diesem Tag war es endlich auch am Abend noch warm, und die Schwalben flogen. Kaci blieb immer einmal wieder stehen, atmete den Duft des Sommers ein und seufzte tief. Troia wanderte, in ihren lockigen Wollanzug gekleidet, friedlich umher und untersuchte die Umgebung mit unermüdlicher Neugierde.

Rechts: Troia blickt mit blanken Augen in die Welt.
Links: Bint beschnuppert Viljamis Hand.

Ein ausgewachsenes Pferd wundert sich grundsätzlich über nichts, was es von klein auf gewohnt war. Trotzdem vergisst das Pferd wie ja auch der Mensch Dinge, die nicht mehr aktuell sind. Eine funktionierende Zusammenarbeit aufzubauen ist ein lebenslanger täglicher Prozess.

AUSFLÜGE

Führtraining mit Troia. Ein Fohlen kann sich nur kurze Zeit konzentrieren.

Bevor Troia erstmals aufgehalftert wurde, hatte sie sich mit dem Halfter durch Schnuppern und Lecken vertraut gemacht. Das Halfter passte genau in der Größe, sodass sie sich nicht mit dem Huf darin verfangen konnte, falls es ihr einfallen sollte, sich mit dem Hinterfuß am Ohr zu kratzen.

Das Halfter wurde sanft zur Seite gezogen, und sobald Troia den Kopf bewegte, hörte das Ziehen auf. Überdimensionierte Gesten machen ein Pferd nachlässig und derb.

Wenn Hilfen – zum Beispiel der Schenkeldruck des Reiters – unablässig eingesetzt werden und der Reiz auch dann nicht nachlässt, wenn das Pferd sich wunschgemäß verhält, wird die Zusammenarbeit für beide Partner mühsam. Ebenso wirkt eine unruhige Umgebung abstumpfend.

Es lohnt sich, das Führen auf Wegen zu üben, denn es ist interessanter, immer vorwärts zu gehen, als hin und zurück. Wenn es ein klares Ziel gibt, bewegt sich auch der Mensch zielbewusst, statt durch unsichere Körpersprache sein Zögern erkennen zu lassen.

Die Übungen gingen langsam vonstatten, damit Troia Zeit blieb, das Neue zu verdauen. Sie dauerten jeweils einige Sekunden bis zu einer Minute, damit Troia die Sache verstand, ohne ihrer überdrüssig zu werden. Ein Fohlen wird schnell müde, und niemand hat etwas davon, wenn es zu dem Schluss kommt, dass die Zusammenarbeit mit dem Menschen langweilig ist.

Dass sich das Pferd konzentrieren kann, ist auch hinsichtlich der Sicherheit wichtig. Wenn ein Pferd zerstreut ist, vergisst es leicht, den Entscheidungen des Menschen zu vertrauen. Es bemerkt vielleicht noch nicht einmal dessen Gegenwart. Erschrickt es, kann es den Menschen dann umrennen oder weglaufen.

Der durchhängende Führstrick wurde mindestens auf Armeslänge von Troia entfernt gehalten, damit sie den Kopf frei bewegen konnte. Geführt wurde aus einer Position neben der Pferdenase oder davor. Falls Troia vor etwas erschrecken sollte, hätte sie Platz zum Wegspringen, ohne den Führenden zu gefährden.

Der Führende hielt Gesicht und Körper nach vorn gerichtet, sodass er Troia sicherheitshalber im Auge behalten konnte. Wenn sie zu nahe kam, wurde sie mit dem Ende des Stricks verscheucht, wie es ein anderes Pferd mit seinem Schweif getan hätte.

Kacis Lieblingsbaum. Sich daran zu schubbern, ist eine gute Massage für Haut und Muskeln, ebenso wie sich wälzen, laufen, springen und das gegenseitige Kratzen mit den Zähnen.

Pferde beherrschen die diskrete Kommunikation von Natur aus. Je feiner die Gesten, auf die Mensch und Pferd reagieren, desto sicherer und angenehmer ist die Zusammenarbeit. In Angstsituationen geduldet sich das Pferd, dem Beispiel des Menschen folgend, und rennt nicht einfach vom Platz.

Sollte Troia stehen bleiben, würde ein zweiter Ausbilder hinter ihr die Hand heben oder in der Luft wedeln. Ein Pferd weicht vor einem nachdrücklich geschwenkten Schweif oder einem erhobenen Maul aus. Troia wurde immer mit möglichst kleinen Gesten gelenkt und nicht durch überraschende Bewegungen erschreckt. Indem man ihr zeigte, was man gerade machte, blieb sie im Bilde und behielt das Vertrauen.

Sobald Troia das Führen im Prinzip begriffen hatte, brauchte man die wedelnde Hand als Nachhilfe kaum noch. Nach einem Augenblick des Überlegens brachte sie oft schon die reine Neugier in Bewegung, denn sie kam auch sonst gern auf den Menschen und Kaci zu.

Troia lernte leicht, um was es beim Führen ging, weil Kaci voranging. Pferde lernen überhaupt schnell: In freier Natur muss ein Beutetier beim ersten Mal lernen, denn eine zweite Gelegenheit ist ihm meist nicht mehr vergönnt.

Wenn Troia zog, wurde sie beruhigt, und wir versuchten es noch einmal. Wenn ein Pferd zerrt, bedeutet dies oft eine höfliche Einladung zum Spiel. Wenn dann der Mensch dagegen zieht, kann das Pferd dies als „Einladung angenommen" deuten und mit der Kraftprobe weitermachen. Fohlen und ausgewachsene Pferde verdanken den Großteil ihres Könnens der Nachahmung.

Loslassen darf man nicht, damit das Fohlen nicht lernt, dass es sich unklaren Situationen durch Widerspenstigkeit entziehen kann. Am schnellsten klärt sich die Lage, wenn es sich beruhigt und dem Menschen vertraut.

Nie wird am Halfter gerissen. Ein Pferd ist von Natur aus so gutmütig und wenig nachtragend, dass es wahrscheinlich auch dann lernt, sich führen zu lassen, wenn der Mensch ihm wehtut oder es mit lautem Anschreien erschreckt. Doch wenn das Training in freundlicher Atmosphäre stattfindet und man dem Pferd Zeit lässt, das Gelernte zu verstehen, wird es sich immer leicht und sicher führen lassen.

Ohne es zu merken, lernt Troia auf dem Waldweg, sich führen zu lassen, denn ein Fohlen läuft sowieso hinter der Stute her.

Wir sorgten immer für Umstände, die Troia das Lernen erleichterten. Wenn sie fraß oder schlief, störten wir sie nicht. Steckte sie voller Unternehmungslust, beendeten wir die Übungen mit einer leichten Aufgabe und gaben ihr frei, damit sie ihren Übermut austoben konnte. So brauchte sie nicht zu kämpfen, sondern fing an einzusehen, dass die Entscheidungen der Menschen zu ihrem Besten waren.

Das Führtraining wurde beendet, wenn die Zusammenarbeit besonders gut klappte. Wenn als Letztes ein Erfolg im Gedächtnis bleibt, wächst das Selbstbewusstsein des Fohlens. Wird die Arbeit rechtzeitig beendet, wird sie beim nächsten Mal gerne wieder aufgenommen.

Auch Pferde haben Kopfschmerzen, Bauchweh und überhaupt gute und schlechte Tage. Heute, da niemand mehr darauf angewiesen ist, mit Pferden zu arbeiten, lohnt es sich zu überlegen, was man von einem Pferd angemessenerweise erwarten darf. Wenn man Aufgaben verlangt, die das Pferd gesund und guten Mutes erfüllen kann, ist die Arbeit für beide Teile ungefährlich und das Selbstbewusstsein des Pferdes wächst. In Zukunft wird es der Zusammenarbeit noch interessierter entgegen sehen.

Oben: Bint Babolna.
Mitte und unten: Bei guten Freunden sind Körpersprache und Rhythmus aufeinander abgestimmt.
Oben rechts: Die Ohren von Troia und Kaci sind wie Spiegelbilder.

Die Selbstbehauptung hängt in der Natur davon ab, wie das Pferd die Stimmung in seiner Herde deuten kann. Instinktiv und noch feiner als der Mensch liest und spiegelt es Gemütslage, Gesten und Befinden der anderen wider. Kommunikation ist keine Abfolge einzelner Gesten, sondern ein ununterbrochener Fluss.

Das Pferd liest instinktiv auch die unbewussten Botschaften. Wenn es dann darauf reagiert, verhält es sich vielleicht aus der Sicht des Menschen falsch. Durch solche Missverständnisse und Widersprüche wird das Pferd verunsichert. Weil der Mensch nicht zuhört, was das Pferd ihm zu sagen versucht, zieht es sich in sich zurück und stumpft ab. Es hört auf, auch auf wahrgenommene Botschaften so sensibel zu reagieren, wie es natürlich wäre.

Oben:
Pauli und zwei in Deutschland geborene Paso Peruanos, Fauno und die Palomino-Stute Preziosa.
Unten:
Bint Babolna probiert einen Strohhut.

Links: Preziosa. Die Herde ist gerade aus dem Wald nach Hause gerufen worden.

richten. Im schlimmsten Fall folgt darauf eine Bestrafung. Wenn der Reiter beispielsweise sein Gewicht verlagert und den Schenkel verschiebt, kann das Pferd dies als Hilfe zum Angaloppieren auffassen. Hat der Reiter es aber gar nicht so gemeint, bleibt er vielleicht hinter der Bewegung und zieht versehentlich am Zügel.

Auch wenn ein aufgeregter Mensch glaubt, keine Gefühle zu zeigen, bemerkt das Pferd sie doch. Sieht es zum Beispiel ein angespanntes Gesicht, verspannt es sich ebenfalls. Wenn der Mensch schlecht gelaunt ist, sollte er das Pferd am besten in Ruhe lassen. Ärgerliche Reaktionen verwirren die Situation völlig und zerstören das Vertrauen für lange Zeit.

Reitschulpferde müssen jeden Monat die Botschaften von vielleicht hundert Reitern interpretieren, und keiner verhält sich genau wie der andere. Wenn das Pferd nicht so reagiert, wie der Mensch es verlangt, geht es nicht, wie oft angenommen wird, darum, wer hier das Sagen hat. Das Pferd gehorcht, weil es seine Arbeit kennt und weiß, dass man von ihm erwartet, die Wünsche der Menschen zu erfüllen.

In den Reitschulen finden sich solche Pferde, die zumindest anfangs besonders anspruchslos und anpassungsfähig waren. Sie versuchen ihr Bestes, oft bis zum Letzten. Viele Schulpferde leiden unter ständigen Schmerzen. Oft haben sie unpassendes Sattelzeug, oder der Sattel wird zu weit vorne gegurtet, auf dem Muskelpaket des Widerrists anstatt dahinter. Ein zu weit vorne liegender Sattel behindert den normalen Bewegungsablauf der Vorhand. Die Muskeln verkümmern durch den ständigen Druck, und die Haltung des Pferdes wird ruiniert. Allmählich fängt es an zu lahmen und entwickelt einen Senkrücken.

Dazu kommt, dass der Rücken von Schulpferden Stöße und Gewichtsverlagerungen aushalten muss, denn die ungeübten Reitschüler können natürlich nicht losgelassen oder im Gleichgewicht sitzen. Außerdem halten sie sich auf der Suche nach Halt am Zügel fest. Diese ständige Beanspruchung von Maul, Hals und Rücken verursacht Dauerverspannungen, Schmerzen und Stoffwechselstörungen im ganzen Körper.

Obendrein empfindet das Pferd die Stimmung des Menschen, auch Anspannung und Angst, in seinem eigenen Körper. Wenige Schulpferde erreichen gesund ein hohes Alter.

Man kann Schulpferden ihr Los erträglicher machen, wenn man ihnen reichlich freie Tage gibt, damit sie sich von der Arbeit erholen können. Jede schwere Arbeit, ob Reiten oder Ziehen, verursacht geringe Gewebeschäden, auch wenn die Ausrüstung in Ordnung ist. Die Gesundheit der Schulpferde wird zudem geschont, wenn man zum Sitztraining Simulatoren benutzt. Ein Pferderoboter hält unbegrenzt alle Erschütterungen aus.

Die Herde im Galopp auf dem Weg zur Weide.

Eine gebisslose Trense verhindert, dass den Pferden im Maul herumgezogen wird. Außerdem lohnt es sich, zusätzlich um den Hals ein Seil zu schlingen, an dem sich der Reiter festhalten kann.

Leben lernen

Troia ist möglichst viel bei den menschlichen Tätigkeiten dabei und wächst zu einem mutigen Pferd heran. Gleichzeitig festigt sich die Freundschaft.

Die Weiden reichen bis zum Hauptgebäude des Gutshofes. Troia gewöhnt sich wie von selbst an das Flattern der Wäsche, den Lärm der Arbeitsmaschinen und an andere Situationen, vor denen sich viele Pferde fürchten. Man brauchte ihr diese Dinge nicht beizubringen, Troia machte sich mit ihnen fortwährend von selbst vertraut. Es stand ihr frei, auf Distanz zu gehen und daraus konnte sie selbst schließen, dass es keinen Grund gab, Angst zu haben. Ermutigt fühlte sich Troia auch durch das Beispiel der Menschen, die furchtlos Teppiche lüfteten oder ohne zu zögern über Holzstöße stiegen, obwohl einige Scheite dabei in Bewegung gerieten.

Troia untersuchte neugierig die Brunnenpumpe, die den Schlauch zum Spritzen brachte. Während der Johannisbeerzeit machte sie Bekanntschaft mit den hohl tönenden Fässern und wollte unbedingt ihren Kopf hineinstecken, obwohl weiter nichts Interessanteres darin zu entdecken war als Beeren. Doch begannen ihr im Laufe des Sommers auch die Beeren zu schmecken. Eines Tages sah Troia aus, als habe sie Lippenstift gebraucht, ohne in den Spiegel zu schauen.

Viele Pferde erschrecken vor Veränderungen in der Umgebung. Troia und Kaci fingen an, diese als selbstverständlich hinzunehmen. Ein Holzstoß an

Links: Die Kameraden Troia und Viljami an einem Sommerabend. Zur Sicherheit brauchen die Kinder die Anleitung eines Erwachsenen, wenn sie lernen, mit Pferden zusammen zu sein. Rechts: Pauli mit Fauno, Preziosa und der schwarzen Rebekka.

Das Pferd ist in noch stärkerem Maße Herdentier als Hund oder Mensch, weil es sich in der Natur nicht allein behaupten kann. Der Wunsch, im Einvernehmen mit und unter dem Schutz der Herde zu leben, ist das stärkste der Grundbedürfnisse eines Pferdes. Ein Pferd, das nach Meinung des Menschen die Zusammenarbeit verweigert, hat dafür immer einen gewichtigen Grund.

neuer Stelle oder die Plastikverkleidung des Hauses, als es renoviert wurde, verwunderten sie im Allgemeinen nicht.

Manchmal gingen die Pferde frei oder am Halfter mit zum Briefkastenleeren oder zum Spaziergang. Gleichzeitig gewöhnte sich Troia daran, verschiedene Situationen zu meistern und sich neue Gegenden in sicherer Gesellschaft anzusehen.

Wenn ein Pferd etwas bemerkt – eine sich öffnende Tür oder ein sich näherndes Pferd – und das Bedürfnis hat, dort hinzuschauen, ist es das Beste, man lässt es gewähren. Der Mensch erweist sich und dem Pferd einen Bärendienst, wenn er das Pferd am Hinschauen hindert. Dann fürchtet das Pferd die unklar gebliebene Sache später umso mehr und Zwang erschüttert das Vertrauen. Es ist natürlich, dass ein Pferd seine Umgebung beobachtet. Das Leben besteht aus Ereignissen und sich ihnen zu stellen, stärkt den Mut.

Wenn der Mensch sich selbst ruhig umdreht und schaut und die Situation als gefahrlos einschätzt, beruhigt sich auch das Pferd. Es ist wichtig, dass es in der Herde weise, Verantwortung tragende Mitglieder gibt. Wenn der Mensch diese Vertrauensrolle übernahm, fühlte sich Troia sicher.

Oft entspannt sich ein Pferd auch beim Reiten, wenn der Reiter in aller Ruhe nach vorn schaut. Zur Seite zu blicken ist weniger gut, denn der Körper folgt unbewusst dem Blick, und dadurch fühlt sich auch das Pferd aufgefordert, sich zur Seite zu wenden.

Alle gemeinsam verbrachte Zeit hat ihre Bedeutung. Wenn ein Pferd schon gelernt hat, sich führen zu lassen, beeinflusst der Mensch die Vorstellung des Pferdes von der Zusammenarbeit jedes Mal, wenn er es führt. Führt er es in Eile oder bringt das Pferd in Angst erregende Situationen, bringt er ihm bei, das nächste Mal unruhiger zu gehen als vorher. Bleibt er gelassen und nimmt Rücksicht auf das Pferd, stärkt er dessen Vertrauen und wird durch eine immer zuverlässigere Partnerschaft belohnt.

Sitten und Gebräuche

Ein Fohlen sollte nur zu solchen Verhaltensweisen ermutigt werden, die auch im späteren Leben beim erwachsenen Pferd erlaubt und angebracht sind.

Weil ein Fohlen einmal zu einem übermächtig großen Tier heranwächst, darf es sich gar nicht erst angewöhnen, nach Menschen auszuschlagen oder sie spielerisch zu jagen. Grundsätzlich muss das Fohlen lernen, den persönlichen Raum eines Menschen zu respektieren, ihm also nicht so nahe zu kommen, dass er sich bedrängt fühlt, und auf Aufforderung auszuweichen. Dann wird es auch in einer Schrecksituation nicht über den Menschen hinweg flüchten, sondern einen anderen Ausweg suchen.

Das Fohlen darf ja auch nicht über andere Pferde wegtrampeln. Es fühlt sich sicherer, wenn es eine etwas passive Rolle spielt und erwachsenen Pferden Raum lässt. Das Pferd lernt leicht auszuweichen, wenn man es mit dem Finger berührt oder auf die Schulter oder die Kruppe zeigt, sich dagegen lehnt oder entschieden darauf zugeht, als wolle man ihm die richtige Richtung weisen.

Es ist wichtig, dass der Mensch dem Fohlen nicht versehentlich Platz macht. Wenn er ungewollt ausweicht, kann er die Situation retten, indem er das Pferd freundlich und bestimmt auffordert, einige Schritte zurückzugehen, am besten mit möglichst knappen Gesten.

Toben, Steigen und Schnappen haben die Bedeutung von natürlichen, höflichen Einladungen zum Spiel, so dass auch der Mensch möglichst entgegenkommend reagieren sollte. Wenn ein Fohlen oder ein erwachsenes Pferd auf uns zugaloppiert kommt, sollte man sich zusammenreißen, sich nach vorn neigen und tief einatmen. Reicht das nicht aus, kann man energisch nach vorn treten und so zusätzlichen Platz erobern. Man kann auch einen gerade zur Hand befindlichen Gegenstand wie einen Strick oder eine Jacke in Richtung auf den Ankömmling in die Luft werfen. Das bringt das Pferd aus dem Konzept. Es wird ausweichen, sich aufs Neue nähern, langsamer werden und abwarten. Dann wird es gelobt und belohnt.

Auch wenn das Fohlen im Halten anfängt, nach vorn auszuschlagen, sollte man dem beizeiten einen Riegel vorschieben. Scheucht der Mensch dann das Fohlen zurück und verlässt obendrein noch den Platz, merkt das Fohlen, dass Treten nicht lohnt: Spiel und Beisammensein sind dann zu Ende.

Versuche zu schnappen, sind schwer ganz zu unterbinden, besonders wenn ein Fohlen keinen Spielkameraden hat, an dem es sein natürliches Bedürfnis nach Beknabbern auslassen kann. Ein Weg besteht darin, das Fohlen nur zu streicheln, nicht zu kratzen. Das Kratzen löst im Fohlen den unwiderstehlichen Drang aus, ebenfalls zu kratzen, so wie es die Pferde untereinander tun, indem sie sich mit den Zähnen beknabbern. Es handelt sich dabei um einen Freundschaftsbeweis. Es fällt dem Fohlen schwer zu begreifen, warum es das nicht darf, wenn der Mensch es doch geradezu dazu auffordert.

Das Bedürfnis zu kneifen und zu knabbern rührt manchmal auch daher, dass das Fohlen zu früh von der Stute entwöhnt wurde. Um das unerwünschte Verhalten zu verhindern, untersucht man am besten nach jedem Versuch zuzuschnappen Zähne und Zahnfleisch des Fohlens, freundlich, gründlich und langwierig. Zusätzlich empfiehlt es sich, das Fohlen nicht aus der Hand zu füttern. Es lernt sonst, nach Leckerbissen zu suchen und mit den Zähnen zuzufassen. Hat sich mit der Zeit erst die Vorstellung des Pferdes vom Menschen gefestigt, haben Handfütterung und auch Kratzen meist keine negativen Auswirkungen mehr.

Höfliche Einladung zum Spielen – bei Pferdemüttern erlaubt, bei Menschen unerwünscht.

Sensible Kommunikation

Pferde und Menschen haben eine sehr ähnliche Körpersprache. Das erleichtert Ihnen die Kommunikation mit Ihrem Pferd.

Gesichtsausdruck, Haltung, Gesten und Muskeltonus spiegeln das Befinden eines Pferdes ebenso deutlich wider, wie es bei uns der Fall ist. Es ist wissenschaftlich erwiesen, dass alle Säugetiere einschließlich des Menschen grundsätzlich viele Ähnlichkeiten aufweisen. Alle empfinden Freude, Zusammengehörigkeit, Schmerz, Sehnsucht und Furcht, und alle drücken diese Gefühle weitgehend gleich aus.

Wenn wir etwas von unserem Pferd wollen, uns aber nicht klar ausdrücken oder es sonst wie nervös machen, kann die Reaktion des Pferdes darin bestehen, dass es gähnt, sich die Lippen leckt, blinzelt oder sich so wenig und so langsam wie möglich bewegt. Damit sagt es auf Säugetierart, dass es sich unwohl fühlt oder sich nicht sicher ist, was es tun soll.

Sie können Ihr Pferd beruhigen, indem Sie wegschauen, den Kopf senken, sich ein Stück entfernen oder ihm den Rücken zuwenden. So verhält sich auch ein Pferd, das an einem anderen näher vorbeigehen muss, als ihm lieb ist. Und Menschen, die in einem Aufzug eng zusammengepfercht sind, zeigen die gleiche Reaktion. Woanders hinzuschauen macht die Situation erträglich, wenn wir unangenehm eng mit Fremden zusammenstehen.

Jungens raufen nun mal gern, aber diese sind trotzdem vorsichtig und beißen nicht fest zu. Bald fressen sie vom Gemeinschaftsheu. In der Erregung und im Eifer des Spiels wird die Mimik auch einmal drohender, weniger sanft.

Wenn wir friedfertig seufzen und die Schultern fallen lassen, wird in der Regel auch das Pferd seufzen. In der Erregung atmet es flach, und wenn die Spannung nachlässt, seufzt es tief auf. Beugt sich der Mensch zusätzlich noch nieder und berührt etwas mit den Händen, wird das Pferd sich entspannen und neugierig wissen wollen, ob da vielleicht etwas Essbares zu finden ist.

Wenn sich der Mensch angewöhnt, möglichst sensibel zu kommunizieren, wird das Pferd auch schon auf minimale Signale wie den Atemrhythmus reagieren. Gleichmäßiges und gelassenes Atmen beruhigt, auch wenn das Pferd seinen Reiter oder Fahrer noch nicht einmal sieht. Auch das Atmen im Gleichtakt entspannt und stärkt das Zusammengehörigkeitsgefühl.

Oben: Pauli, Fauno und Preziosa im Garten.
Rechts: Ein Freundschaftsbeweis – die Berührung mit dem Maul.

Für das Pferd ist das Maul, was die Hand für den Menschen ist. Pferde haben das Bedürfnis, die Umgebung durch Berühren zu untersuchen. Berührung ist auch ein Freundschaftsbeweis. Das Maul drückt die Gefühlslage aus, zum Beispiel Anspannung, wenn die Nüstern und die sie umgebende Haut sich erregt straffen, oder Entspannung, wenn die Unterlippe schlaff herabhängt.

Traditionen

Je mehr Zeit der Mensch mit seinem Pferd verbringt, desto besser lernt er es verstehen.

Es ist viel verlangt, dass ein Pferd die Wünsche der Menschen verstehen soll, obwohl es oftmals wenig Zeit in ihrer Gesellschaft verbringt. Hunde, denen man Gehorsams- oder Agility-Prüfungen abverlangt, leben in der Regel auch sonst eng mit Menschen zusammen und werden nicht an der Kette oder im Zwinger gehalten. Soll die Zusammenarbeit gelingen, muss sie ständig praktiziert werden, nicht nur bei einem Wettbewerb.

Dabei ist das, was das Pferd leisten soll, im Allgemeinen noch viel schwieriger. Es wird erwartet, dass es viele gleichzeitige Hilfen versteht und sich in Haltung und Bewegung genau darauf einstellt. Ohne Zwangsmaßnahmen gelingt solch eine anspruchsvolle Arbeit nur dann, wenn die Grundlagen dazu in Form von solider Übereinkunft gelegt wurden.

Der Erfolg der Menschen, die wir als „Pferdemenschen" im traditionellen Sinn betrachten, beruhte zum größten Teil darauf, dass Pferd und Mensch viel Zeit miteinander verbrachten und einander gut kennen lernten. Die Fohlen folgten den Müttern zur Arbeit und lernten, wie man sich den Menschen gegenüber verhält und welche Aufgaben es gibt. Aufgrund dieser Erfahrungen war die eigentliche Ausbildung dann leicht.

Dazu kommt, dass das Leben einen viel bedächtigeren Gang ging als heute, und das machte sich auch im Umgang mit den Pferden bemerkbar. Pferde lieben es friedlich und reagieren auf Unruhe mit Stress. Ihr natürlicher Rhythmus ist gelassen. Momentane Aufregung gehört meist nur zum Spiel oder zu Stresssituationen.

Die Arbeit verlief früher in ihrer besten Form abwechslungsreich, aber immer im gewohnten Rahmen. Die Arbeitspferde liefen über altbekannte Felder und in vertrauten Wäldern. Arbeit bedeutete nicht ständiges Kopfzerbrechen: Die Pferde durften meist am langen Zügel gehen und in selbst gewählter Haltung. Das Ergebnis waren ausgeglichene und leistungsbereite Kameraden.

Gewiss war die Arbeit körperlich oft schwer, sodass die Pferde selten auch nur die Hälfte des normalen Pferdealters erlebten. Es war normal, dass sie kaum älter als 15 Jahre wurden, besonders wenn schwere Arbeit nicht mit einem Gespann, sondern von einem einzelnen Pferd ausgeführt werden musste. Kutschpferde in der Stadt und Pferde, die die Straßenbahnwagen zogen, blieben gerade mal fünf Jahre gesund, vor allem wenn sie beschlagen waren.

Links: Eggen.
Rechts: An der Hintertür.

Wenn der Mensch sich seiner Körpersprache, Mimik und Gefühle bewusst wird, kommen Pferd und Mensch gut miteinander aus. Zugleich wird der Mensch ruhiger und ausgeglichener, weil nervöse, die Situation verwirrende Gesten unterbleiben. Der Mensch lernt die Weisheit des Pferdes. Das Pferd hat viel zu geben: Gutmütigkeit, Gemeinschaftssinn und Arglosigkeit sind seine natürlichen Charakterzüge. Es hat auch die Fähigkeit, Menschen mit seiner bloßen Anwesenheit ruhig und glücklich zu machen, was u. a. beim therapeutischen Reiten genutzt wird.

Hochsommer

Um ein Pferd zur Arbeit zu motivieren, muss es unmittelbar bei der Ausführung belohnt werden, nicht wenn alles vorbei ist.

Troia sprang über Baumstümpfe, stürmte Hals über Kopf davon und kam im vollen Galopp zurück. Sie wurde auch von Kacis Rücken aus geführt, aber dann blieb sie leicht zurück. Wenn der Mensch so hoch über ihr thronte, fühlte sie sich am anderen Ende des Halfters einsam. Im Freilaufen gesellte sie sich gern zum Menschen und ging lange Strecken neben ihm her.

Troia wurde von Anfang an daran gewöhnt, sich die Hufe auskratzen zu lassen. Einem Menschen ein Bein für ein paar Sekunden zu überlassen, ist schon eine gute Leistung. Zwischendurch wurde die Zeit einmal verlängert und dann wieder verkürzt, sodass sich die Anforderungen nicht die ganze Zeit steigerten, sondern das Hufanheben Troia immer leicht fiel.

Erst sorgten wir dafür, dass Troia sicher auf allen vier Füßen stand. Wir begannen und endeten stets bei den Hinterbeinen: Fohlen sind so gebaut, dass sie mit angehobenem Hinterbein leichter die Balance halten können. Am Anfang stand ein Helfer vor Troia, damit sie Gesellschaft hatte. Bald lernte sie, die Hufe auch frei anzuheben.

Unsere Pferde werden nicht beschlagen. Hufeisen behindern die Blutzirkulation, machen die Hufe mürbe und verstärken die auf den Fuß bei jedem Schritt einwirkenden Stöße. Genau genommen ist der Gedanke des Hufbeschlags ein Widerspruch in sich selbst: Muss ein Pferd so hart oder auf so schlechtem Boden arbeiten, dass es sich die Hufe ablaufen würde – wie soll dann das übrige Gewebe die Belastung aushalten? Kommt zu der bereits bestehenden Überbelastung noch ein Eisenschuh hinzu – der die natürliche Stoßdämpfung im Huf außer Kraft setzt –, verstärkt sich der Stress, der auf Hufe und Rücken einwirkt, um ein Vielfaches.

Wenn Sie Schuhe mit harten Sohlen tragen, ermüden Ihre Füße schon nach einem Tag. Außerdem sind die Hufe eines Pferdes in Relation zum Gewicht gesehen viel kleiner als menschliche Füße. Bei ihm prallen bei jedem Schritt Hunderte von Kilos auf einen sehr kleinen Bereich auf. Schäden lassen sich nur vermeiden, wenn die natürliche Stoßdämpfung ihre Wirkung entfalten darf. Ein Vorteil des Barfußlaufens besteht darin, dass ein unbeschlagener Huf mit der Zeit breiter wird, sodass sich das Gewicht auf eine größere Fläche verteilt.

Ohne Eisen werden die Hufe härter und stärker, so dass Hufeisen vielleicht nicht einmal auf hartem Boden mehr notwendig sind. Bessere Gesundheit, längeres Leben! Es gibt auch Spitzenreitpferde, die nie beschlagen werden. Ohne Eisen bewegt sich das Pferd freier, energischer und elastischer. Und da beim unbeschlagenen Huf die Trachten von selbst niedriger werden, kann das Pferd die Hinterbeine besser beugen und richtig untertreten, wie der Reiter das normalerweise gern hat.

Links: Herzhaftes Gähnen und Ausflüge.
Vorherige Seite: Im dichten Unterholz lassen sich Insekten von der Bauchunterseite abstreifen. Auf kahlen Weiden macht das Grasen keinen Spaß.

Kacis Welt

Als Kaci aus ihrem früheren Zuhause nach Juhola gebracht wurde, brauchte sie einige Zeit, um sich einzugewöhnen.

An einer Quelle.

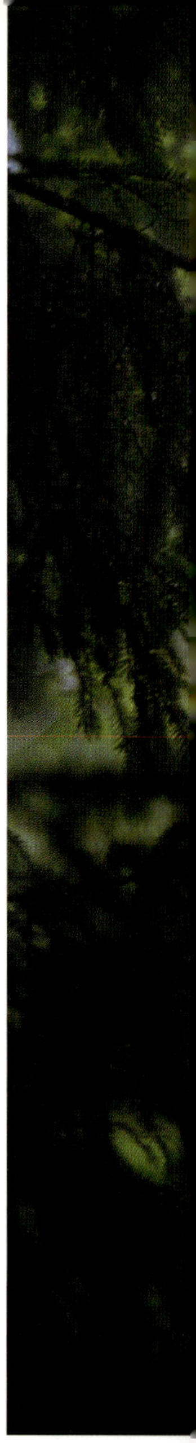

Kaci tat ihr Bestes. Sie erzog ihr Fohlen und erfüllte alle ihre Aufgaben. Aber erst nach zwei Jahren entspannte sie sich, wurde offen und gut gelaunt und hatte Freude an kleinen Späßen.

Bei Hunden findet man es selbstverständlich, dass der Wechsel in ein neues Heim eine Ausnahmesituation darstellt, die nicht wünschenswert ist. Für Pferde ist die Umstellung ebenso schwierig. Nach einem Heimwechsel können Jahre vergehen, bevor das Pferd glauben kann, dass es nun an Ort und Stelle bleiben darf und dass man den neuen Menschen auch sonst vertrauen kann. Oft zieht es sich zurück, ist deprimiert oder zeigt seine Trauer auf eine Art und Weise, die für den Menschen Probleme aufwirft, zum Beispiel weil es sich schlecht entspannen und konzentrieren kann.

Der Mensch versucht vielleicht, das Pferd mit Gewalt unter Kontrolle zu bringen. Dies stürzt das Pferd noch mehr in Verwirrung. Ist der Mensch uneinsichtig und ungeduldig, verkauft er das Pferd vielleicht weiter und zerstört damit das womöglich gerade aufkeimende Vertrauen erneut. Die Probleme werden immer größer.

Manche Pferde ertragen viel, ohne dass ihre geistige Gesundheit Schaden leidet. Sie lernen, mit ihrer Vergangenheit zu leben, wenn die verständnislose Behandlung erst einmal überstanden ist. Wesentlich besser stehen die Chancen, wenn der Mensch dem Pferd mehrere Monate Zeit lässt, sich in ruhiger Umgebung einzuleben, bevor er ihm ein größeres Maß an Zusammenarbeit abverlangt. Nützlich ist, wenn die ganze Zeit Futter zur Verfügung steht, denn Fressen ist ein Grundbedürfnis und beruhigt. Auch freie Bewegung ist wichtig. In einem Verschlag zu stehen ist von vornherein unnatürlich, und das frustrierende Stehen samt dem verlangsamten Stoffwechsel führt zu Koliken. Es können auch andere Beschwerden auftreten, denn psychisches Unbehagen wirkt sich negativ auf den Gesamtorganismus aus.

Es bringt nichts, ein neu eingetroffenes Pferd sofort in die vorhandene Herde einzugliedern. Wenn der Neuankömmling eine Zeit lang hinter dem Zaun in derselben Umgebung ist und dasselbe Futter frisst, passt sich auch sein Geruch dem der Herde an. Den anderen fällt es dann leichter, ihn zu akzeptieren, und der Neue fühlt sich nicht mehr so fremd.

Am Anfang war Kaci unsicher, wenn sie ohne Pferdegesellschaft zur Arbeit sollte. Sie war in ihrem früheren Zuhause von der Mutter entwöhnt worden und hatte auch ihr Fohlen und dann die ganze Herde verloren. Es war verständlich, dass es ihr Angst einjagte, wenn sie sich von den anderen entfernen sollte. Deshalb wurde bei Ausflügen viel Wert auf Sicherheit gelegt. Unterwegs gab es

eine Fresspause, die Aufgaben waren leicht, und Kaci durfte nach Hause, bevor ihr die Situation unheimlich wurde. Sonst hätte es ja ausgesehen, als wäre das Scheuen der Grund für das Umkehren gewesen. Fortschritte wurden belohnt. Was beachtet wird, verstärkt sich. Was ohne Beachtung bleibt, wird oft vergessen.

Die Freunde im Schatten des Waldes.

Weil Kaci nur angenehme Erfahrungen machte, konnte sie sich zu einer zuverlässigen Arbeitskameradin entwickeln. Trotzdem wäre sie niemals ein Pferd geworden, das ohne mit der Wimper zu zucken jeden beliebigen Reiter auf seinem Rücken akzeptiert. Ihre Talente lagen anderswo.

Ein Pferd kann Freundschaften schließen, aber es liegt nicht in seinem Wesen, sich allem und jedem gegenüber gleich zu verhalten. Mit ständig wechselnden Menschen und Pferden zurechtzukommen, stellt vor allem an Schul- und Verkaufspferde hohe Anforderungen. Auch aus diesem Grund haben sie ein schweres Leben und verdienen viel Verständnis und Respekt.

Links: Kaci im Wald. Hengst Glitne gesellt sich zu Kaci. Troia soll im nächsten Sommer ein Geschwisterchen bekommen.
Oben: Kaci läuft in der Abendsonne.

Ideal ist, wenn Hengst und Stute auf der Weide frei beisammen sein dürfen. Wenn die Situation nicht durch das Festhalten beim Deckakt mit Stress verbunden ist, wird die Stute auch mit größerer Wahrscheinlichkeit tragend.

Der dreifache Regenbogen verheißt vielleicht Glück für das neue Fohlen, das dritte Mitglied in Kacis Familie.
Troia verarbeitet ihre Erfahrungen. Wenn die Menschen gelassen bleiben und sich nicht zu viel einmischen, hat dies positive Auswirkungen darauf, wie sich die Pferde in Zukunft beim Decken verhalten. Kaci hat dem Fohlen ein gutes Beispiel gegeben und Vertrauen in die Situation gezeigt.

Oft befürchtet man, die Stute könne den Hengst verletzen. Das kann auch geschehen, wenn man den Hengst einfach zur Stute führt und mit dem Decken beginnen lässt. Fremde Pferde sollten sich wenigstens ein paar Tage in Ruhe aneinander gewöhnen können. Dann fällt es beiden leichter, den anderen in der Nähe, auf derselben Weide zu dulden. Wenn die Pferde frei sind, reichlich Platz haben und der Hengst daran gewöhnt ist, mit anderen Pferden zusammen zu sein, wird er beizeiten ausweichen, wenn die Stute zeigt, dass sie kein Interesse an ihm hat.

Hengste sind oft als schwierig und unberechenbar verschrieen. In Wirklichkeit sind bei keiner Tierart die männlichen Exemplare schwieriger als die weiblichen. Probleme rühren von der Behandlung her. Wenn ein Hengst naturwidrig abgesondert gehalten wird, so wird er frustriert, und der Frust äußert sich in Form von Traurigkeit, Krankheiten und einer Verstärkung des unterdrückten Sexualtriebs. In Herden lebende und gut behandelte Hengste sind Menschen gegenüber meistens sehr sanft und zärtlichkeitsbedürftig.

Viljami mit Bint Babolna und Kis Galal, Sohn der ägyptischen Araber Ibn Maysoun und Bint Babolna. Ibn Maysoun ist ein Sohn von Maysoun, dem bekannten deutschen Araberhengst.

Links: Ibn Maysoun mit seiner besten Freundin Bint Babolna. Manchmal kommandiert Bint Babolna Ibn Maysoun weiter von sich weg, wie um ihren Platz als Mittelpunkt der Verehrung des Hengstes zu stärken. Bald aber lässt sie den Hengst wieder vom selben Heuhaufen fressen.

Wenn ein Hengst keine eigene Stute hat, könnte vielleicht eine der zu deckenden Stuten ein Jahr oder zwei mit dem Hengst verbringen. Ein beschützender Hengst ist die beste Gesellschaft für Stute und Fohlen. In der Familie hat jeder seine Aufgabe, was dem Fohlen hilft, zu einem ausgeglichenen Pferd heranzuwachsen. Die Herde kann auch aus Wallachen und Hengsten bestehen. Wenn in der Nähe keine Stuten sind, die Konkurrenz hervorrufen könnten, und wenn die einzelnen Pferde sich sympathisch sind, kann eine Junggesellenherde eine gute Umgebung sein.

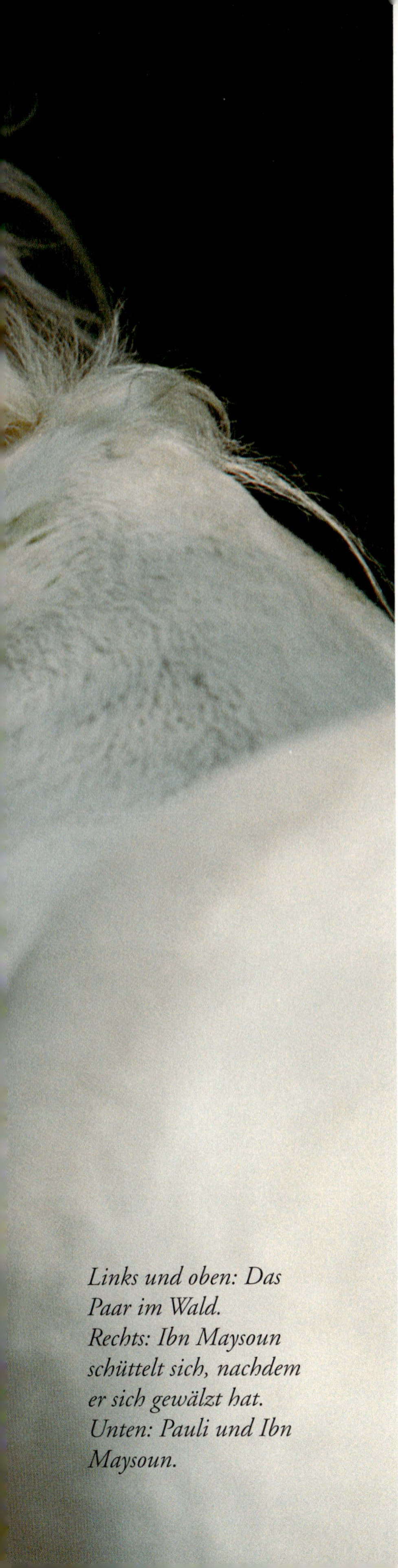

Links und oben: Das Paar im Wald. Rechts: Ibn Maysoun schüttelt sich, nachdem er sich gewälzt hat. Unten: Pauli und Ibn Maysoun.

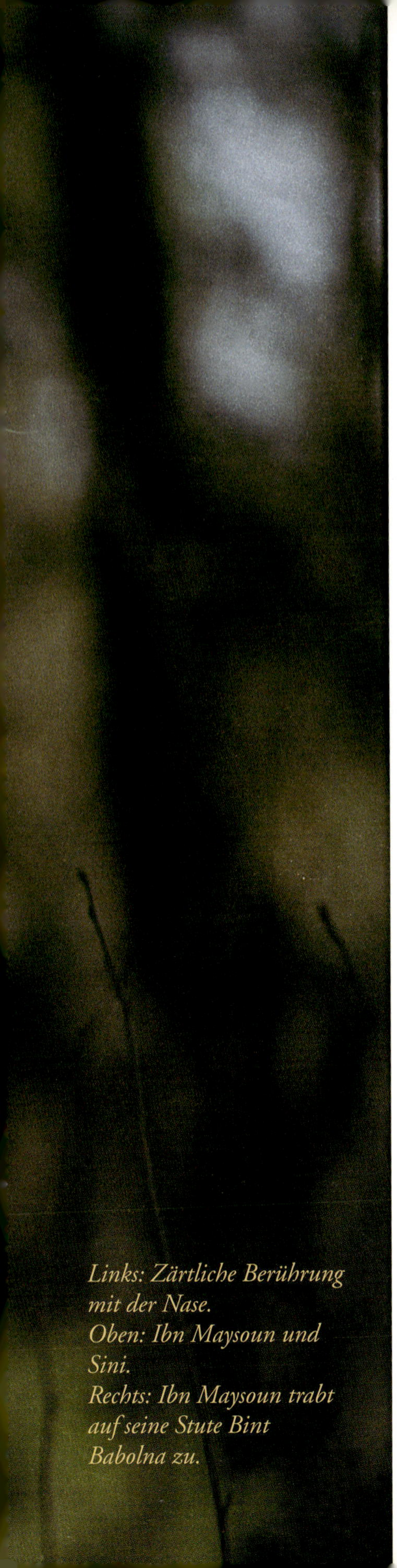

Links: Zärtliche Berührung mit der Nase.
Oben: Ibn Maysoun und Sini.
Rechts: Ibn Maysoun trabt auf seine Stute Bint Babolna zu.

Sorgen

Troia macht Bekanntschaft mit der Impfnadel.

Die Ultraschalluntersuchung zeigte, dass Kaci tragend war. Allerdings waren auf dem Bildschirm zwei Föten zu sehen und Pferde bringen nur selten gesunde Zwillinge zur Welt.

Troia verfolgte die Untersuchungen neugierig und wollte sich den Bildschirm aus der Nähe ansehen. Kaci gab ein gutes Beispiel, kaute Heu und war eine ruhige Patientin.

Zur Übung horchte der Arzt Troia die Lunge ab. Troia war zufrieden, ging auf ihre übliche gut gelaunte Art mit den Menschen um und atmete tief, als das Stethoskop über ihre Flanke glitt.

Mit vier Monaten war Troia jetzt im richtigen Alter für die erste Impfung. Die Ärztin zog eine Dosis in die Spritze auf und stach die Nadel in die Haut. Troia sprang entsetzt weg, Augen und Nüstern weit aufgerissen. Allmählich ließ sie die Ärztin wieder auf Berührungsdistanz an sich heran, doch wieder wurde ihr Vertrauen zerstört. Diesmal wurde ihr die Nadel in die Flanke gestochen. Troia erschrak wieder und so heftig, dass die Spritze der Ärztin aus der Hand rutschte und in der Haut stecken blieb.

Je mehr Troia sich wand und der Ärztin auswich, desto stärker tat ihr die pendelnde Spritze weh. Als die Ärztin die Spritze endlich wieder zu fassen bekam, war der Impfstoff immer noch darin. Jetzt fand Troia es aber zu gefährlich, die Ärztin nochmals an sich heran zu lassen.

Eine von dieser Tierärztin empfohlene Kollegin sollte kommen, Kaci nochmals untersuchen und zu dem unklaren Befund eine zweite Stellungnahme abgeben. Vor der neuen Tierärztin würde Troia noch keine Angst haben, so dass das Impfen vielleicht gelingen konnte. Die erste Ärztin wollte bei Gelegenheit vorbeikommen und Troia begrüßen, damit diese ihr Erscheinen nicht nur mit unangenehmen Dingen in Verbindung brachte.

In Zukunft sollten besser fremde Helfer einspringen, wenn der Tierarzt jemanden brauchte, der das Halfter hielt. Dann würde Troia eventuelle Schmerzen mit den Fremden in Verbindung bringen. Ein Pferd muss sich zwar an Pflegemaßnahmen gewöhnen, es ergibt aber wenig Sinn, ihm beizubringen, dass die als vertrauenswürdig eingeschätzten eigenen Leute ihm Schmerzen zufügen können.

Die Schmerzschwelle ist bei Pferden wie bei Menschen individuell verschieden hoch. Auch die einzelnen Hautregionen sind auf unterschiedliche Weise schmerzempfindlich. Das Impfen kann manchmal ein Angst erregender Vorgang sein. Manch ein Tierarzt weiß von Pferden zu berichten, die nur einmal, vielleicht vor Jahren, geimpft wurden und trotzdem sofort erschrecken, sobald sie den Tierarzt wieder sehen oder hören.

Nach dem schweren Tag ist Troia still und gesellt sich auch nicht so spontan wie sonst zu den Hausgenossen. Die Zeit wird zeigen, ob dieser Tag ihr Vertrauen beeinträchtigt hat.

Das Obst wird reif

Kaci ist tragend und will immer mehr für sich sein.

Im Spätsommer fing Kaci an, gegenüber den Menschen und ihren Aktivitäten etwas Unmut zu zeigen. Sie brauchte ihre Kraftreserven für sich selbst und für das heranwachsende neue Leben.

Gras ist die natürlichste Nahrung des Pferdes und für die säugende oder tragende Stute das beste Futter. Weil die Weiden zu dieser Jahreszeit nicht mehr besonders nahrhaft sind, bekam Kaci zusätzlich Kleie und Hafer zugefüttert, anfangs nur teelöffelweise, damit sich der Organismus daran gewöhnen konnte. Die Kleie musste vor dem Verfüttern eine Stunde eingeweicht werden. Sonst quillt sie im Darm auf, was zu gefährlichen Verstopfungen führen kann.

Auch Troia fing an, Kacis Zusatzfutter zu probieren. Kaci ließ sie fressen, solange sie selbst mit Kauen beschäftigt war, doch sie verscheuchte das Fohlen, sobald ihr Maul leer war. Entweder zwängte Kaci ihren Kopf in den Eimer und stieß Troia mit dem Maul weg, oder sie zog sie an der Mähne. Troia lernte schnell, wie sie den Kopf der Mutter aus dem Eimer wegbringen konnte: Sie schob ihren Nacken unter deren Hals und drückte ihn einfach hoch. Bald wendete Troia diesen Trick regelmäßig an, so dass Kacis Mahlzeiten zu einem einzigen Hin und Her wurden.

Das Fressen sollte schon deshalb in einer friedvollen Atmosphäre stattfinden, weil ein Herunterschlingen zu Verdauungsstörungen führt. Somit begannen wir, das Futter in zwei verschiedenen Eimern anzubieten. Troia wollte jedoch unbedingt aus demselben Eimer wie Kaci fressen. Führte man Kaci zum benachbarten Eimer, kam Troia hinterher. Wir wollten Troia aber wegen dieser Bagatelle nicht festhalten, damit sie nicht das Vertrauen in unsere Entscheidungen verlieren würde. Auf den Boden wollten wir den Hafer jedoch auch nicht schütten, denn dann bleibt Sand daran kleben.

So vergingen einige Tage und schließlich wurde unsere Geduld belohnt: Aus irgendeinem Grund schmeckte Troia allmählich die eigene Portion. Die Pferde fraßen in aller Ruhe aus ihren eigenen Eimern. Troia erhielt nur einige Löffelchen voll von Kacis Futter, doch trotzdem fraß sie daran genauso lange wie Kaci mit ihrem größeren Maul an einem halben Eimer voll.

Das ständige Fressen ist wichtig für die Psyche und für den Verdauungstrakt, der zur Verarbeitung von täglich zig Kilogramm Gras eingerichtet ist. Der Darm des Pferdes arbeitet auch, wenn er leer ist, sodass auch dann Verdauungssäfte abgesondert werden, wenn es nichts zu verdauen gibt. Das macht anfällig für Magengeschwüre, Koliken und Geschwülste. Manchmal macht sich die Reizung der Schleimhäute erst im fortgeschrittenen Alter bemerkbar und kann zur Verkürzung des Lebens führen.

Ibn Maysoun und die herrlichen Düfte des Herbstes.

Herbstwinde

Troia bringt den Tierarzt zum Lachen.

Glücklicherweise schien Troia den Menschen ebenso zu vertrauen wie früher. Ein anderer Tierarzt erschien und untersuchte Kaci: Sie trug nur ein Fohlen.

Troia bekam ihre Impfung. Der Tierarzt besorgte die Angelegenheit mit seiner Assistentin, die Angehörigen konnten unsichtbar bleiben. Der Tierarzt arbeitete so umsichtig, dass Troia den Nadelstich kaum bemerkte.

Sie fanden, Troia sei ein großes und albernes Fohlen, immer zu Späßen aufgelegt. Die Besucher amüsierten sich über ihre Geselligkeit. Als Erstes schnappte sie sich die auf einem Stein abgelegte Jacke des Tierarztes und schleuderte sie quer über den Hof.

Oben links: Ein Kammdeckel. Oben: Das Wasser ist noch warm. Unten: Die Pferde wollen wissen, was die Menschen im Haus machen.

Im September unternahmen wir Waldausflüge mit der Chaise. Während Kaci angeschirrt wurde, untersuchte Troia das Fahrzeug Stück für Stück. Sie lernte, wie alles vor sich geht, wie sich das Rumpeln der Räder anhört und wie gut gelaunt Kaci die Last zieht.

Manchmal bekam auch Troia einen Kammdeckel aufgelegt. Das schrittweise Festschnallen machte ihr nichts aus. Troia hatte keine besonders empfindlichen Stellen, weil sie von Anfang an daran gewöhnt wurde, sich überall berühren zu lassen. Das Anschnallen des Kammdeckels verfolgte sie voller Neugier und vergaß ihn dann vollständig.

An einem Herbstabend machte Troia erste Bekanntschaft mit einem Sägemehlhaufen. Kaci scharrte ein paar Mal daran und beließ es dabei. Troia kam sofort nach, grub, schmeckte und versuchte sich darin zu wälzen. Unglücklicherweise stieß sie mit dem Huf gegen den Zaun und sprang mit einem weiten Satz davon. Bald aber kam sie zurück und legte sich auf dem Haufen zum Schlafen nieder. Kaci stellte sich als Wache daneben auf.

Es bringt nichts, ein großes Getue um neue Situationen zu machen. Wenn dazu Vorbereitungen und Warten gehören, wird auch das Pferd schnell unruhig. Am besten ist es, alles wie im Vorübergehen zu lernen, sodass sich zum Neuen immer viel Bekanntes gesellt.

Links: Jetzt ist es Herbst geworden. Oben: Beim Ausflug folgt Troia als Handpferd hinterher. Sie wird abwechselnd von rechts und von links geführt, damit Mensch und Pferd auf beiden Seiten ausbalanciert sind und sich nicht einseitig stärker entwickeln. Rechts: Ein übliches Trensengebiss mit losen Ringen und ein so genanntes Olivenkopfgebiss.

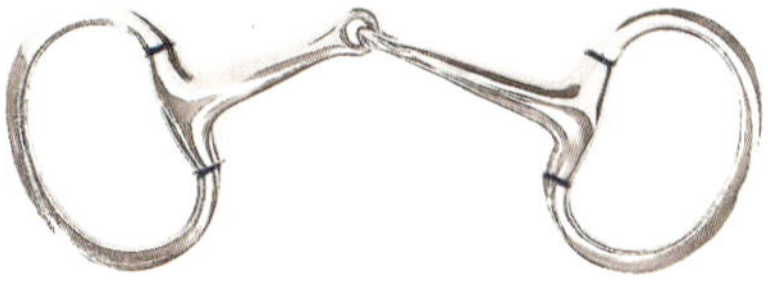

Das Führen von links hat seinen Ursprung in den einheitlichen Gebräuchen der Armee. Viele Dinge, die früher einmal durchaus vernünftig waren, sind inzwischen zur reinen Gewohnheit geworden. Der normale lose Trensenring zum Beispiel hat sich seit Jahrtausenden nicht verändert. Er entstand, weil er mit der damaligen primitiven Schmiedetechnik in dieser Form leicht herzustellen war. Der lose Ring kann jedoch kneifen, und die Zügeleinwirkung ist unterschiedlich, weil der Ring sich dreht. Ein fester Ring mit Scharnier erlaubt eine feinfühligere Handhabung der Zügel.

Die Pferde bekommen ihr Winterfell.
Rechts: Ibn Maysoun ist ein paar Minuten zum Grasen in den Schatten des Waldes gegangen und hat es jetzt schon wieder eilig, zurück zu seiner Stute zu kommen.
Links: Vor Wiedersehensfreude führt er einen kleinen Tanz auf. Was auf dem großen Foto rechts ganz unten aussieht wie ein paar Bärenohren, gehört zu unserem Leonberger Hund Rusty.

Gelassenheit hält gesund

Probleme entstehen durch verfrühte oder zu schwere Belastung und unnatürliche Bedingungen, im Allgemeinen ohne Absicht.

Pferde sind auf Jahre hinaus Fohlen. Im Rückgrat sind noch im Alter von sechseinhalb Jahren wachstumsbedingte Veränderungen zu beobachten, und viele Pferde wachsen noch als Achtjährige in die Höhe. Bestimmte Rassen sind so gezüchtet, dass sie schon früh erwachsen aussehen, doch das Knochengerüst wächst bei ihnen ebenso langsam.

Trotzdem werden manche Pferde schon mit drei Jahren oder noch früher regelmäßig als Zug- oder Reitpferde eingesetzt. Durch zu frühe Belastung wird die Arbeit verleidet und kann Gesundheitsprobleme zur Folge haben, die oft erst später offenbar werden und die Arbeitsfähigkeit und die Lebenserwartung sogar um Jahrzehnte verkürzen.

Ein Pferd, das ohne Eile heranwachsen darf, in Freundschaft mit Pferden und Menschen, bleibt unproblematisch und gesund. Die eigentliche Ausbildung fällt auch wesentlich leichter, wenn das Pferd mindestens fünf Jahre alt ist. Es ist dann nicht mehr so kindisch oder ausgelassen wie vorher.

Heutzutage versucht man oft, problematisch Verhalten im Roundpen zu korrigieren. Dort wird das Pferd daran gewöhnt, auf die Körpersprache zu reagieren, zum Beispiel, um die Richtung zu ändern. Der Roundpen kann eine Nothilfe sein, die dem Pferd möglicherweise deutlich macht, dass der Mensch also doch zu kommunizieren versucht. Auch wenn es Objekt unlogischer oder brutaler Behandlung war, bleiben Pferde so flexibel und sozial, dass es manchmal wie ein Wunder erscheint.

Doch auch geschickte Behandlung im Roundpen kann wirkliche Traumata nicht beseitigen, wie sich ja auch menschliche Erfahrungen nicht spurlos wegwischen lassen. Die nachhaltigste Lösung erzielt man damit, die Lebensbedingungen für das Pferd weniger bedrückend zu gestalten.

Pferde können Spannungen nicht so lange ohne Stress ertragen wie zum Beispiel Hunde: In deren Natur liegt es, sich auf Gruppenarbeit, also Beutejagen, zu konzentrieren. Pferde haben zu Recht weniger Geduld, denn als Beutetiere müssen sie die Umgebung im Auge behalten. Spielen, saugen und andere intensive Wechselbeziehungen dauern jeweils Sekunden oder Minuten. Pferde können auch in menschlicher Gesellschaft nur für Augenblicke ihre ungeteilte Aufmerksamkeit auf eine Aufgabe konzentrieren.

Das Laufen in dem engen Roundpen kann als Stress empfunden werden, als beängstigendes und unbegreifliches Erlebnis. Trotzdem können ganz verschiedene Methoden zu den gewünschten Resultaten führen, denn das Pferd ist von Natur aus entgegenkommend und versucht, sein Bestes zu geben. Mit unangenehmen Methoden lässt sich nur ein oberflächliches Vertrauensverhältnis erzielen, was die beiderseitige Sicherheit beeinträchtigt.

Rechts: Friede eines Herbsttages.
Links: Kaci verscheucht Bona vom Möhrenhaufen. Meistens genügt ein bloßer Wink.

Manchmal hört man von Pferden, die Menschen angegriffen haben. Beutetiere vermeiden Konflikte, und eine Aggression, die über eine Warnung hinausgeht, ist sehr selten. Ein Pferd kann allerdings in äußerster Not einen Ausweg suchen, wenn es über längere Zeit gestresst wird, zum Beispiel, indem man es auf engem Raum herumjagt.

Sichere Partnerschaft

Oft wird behauptet, die Grundlage der Beziehung zu Pferden sei die Dominanz, also die Rangordnung. Pferde nehmen die Frage von Dominanz und Beherrschen jedoch viel weniger wichtig als Menschen.

Das Leben des Pferdes wird von Zugehörigkeitsgefühlen bestimmt. Konkurrenz und Dominanz beginnen erst dann eine Rolle zu spielen, wenn untereinander unverträgliche Pferde entgegen ihrem Willen in ein und derselben Herde leben sollen. Oder dann, wenn an irgendetwas Mangel herrscht: an Futter, Raum, Zeitvertreib oder Ruhe.

Aus Sicherheitsgründen ist es wichtig, dass das Pferd den Entscheidungen des Menschen vertraut. Wirkliches Vertrauen entsteht nicht durch Befehle und Kontrolle, sondern mit der Zeit und aufgrund dessen, dass beide sich wohl fühlen.

Wenn der Mensch nicht die Vertrauensperson ist, sondern sein Pferd vor allem beherrschen will, ergeben sich leicht Probleme. Ein unsicheres Pferd kann sich nicht konzentrieren. Oder es ist triebig und nur unter ständigem Druck zur Mitarbeit zu bewegen, weil es sich in Gesellschaft seines Menschen nicht wohl fühlt. Das macht die Zusammenarbeit für beide Teile mühsam.

Wenn sich der Mensch darauf konzentriert, „wer hier das Sagen hat", wartet er ständig auf eine Herausforderung. Die ganze Beziehung ist von dieser Einstellung geprägt, sodass der Mensch jedes wie auch immer geartete Verhalten – zum Beispiel eine gut gemeinte Verspieltheit – als Herausforderung interpretiert.

In Wirklichkeit hat besonders ein erwachsenes Pferd, das seinen Platz in der Welt gefunden hat, keinen natürlichen Hang zur Herausforderung. Zu den Grundbedürfnissen des Pferdes gehört, dass es versorgt wird und die Stimmung friedlich ist. Wenn die Beziehung auf Freundschaft beruht und das Pferd sinnvoll eingesetzt wird, sieht es auch keinen Grund für eine wirkliche Herausforderung.

„Kommst du mit?" Pauli läuft oder geht voraus, Kaci macht alle Wendungen zur gleichen Zeit mit, geht mit ihm zurück, kreuzt die Beine oder stoppt. Das Pferd gewöhnt sich an immer feinere Signale, und die Zusammenarbeit wird immer sensibler – weil sie Spaß macht und weil das Pferd gelobt und aufgemuntert wird. Spaß und Lob motivieren am allerbesten. Rechte Seite: Zwischendurch lassen sich auch die anderen Pferde für einen Augenblick zum Spiel mitreißen.

Auch ausgewachsene Pferde sind verspielt und können sich dazu hinreißen lassen, einige Sekunden oder Minuten mitzulaufen. Das Spiel ist sicher, wenn die Beziehung von vornherein klar ist: Das Pferd weicht dem Menschen aus und spielt unter keinen Umständen stoßend oder auf die Hinterbeine steigend, wie es das mit seinen Pferdefreunden macht.

ZAUMZEUG

Im Spätherbst probiert Troia das Zaumzeug an.

Zuerst hatte der Zaum kein Gebiss. Die Backenstücke wurden am Reithalfter befestigt, weil lose Schnallen sich verhaken oder ins Auge treffen können.

Bei einem Zaumzeug mit Gebiss muss das Backenstück ausreichend lang sein. Wenn im Maulwinkel Falten entstehen, wie es früher oft gelehrt wurde, wirkt auf das Maul ein ständiger, abstumpfender Druck ein. Alle zu eng um den Kopf geschnürte Riemen werden Schmerzen verursachen.

Zum Führen ist ein Reit- oder Stallhalfter besser als ein Zaumzeug mit Gebiss. Zu Fuß ist man leicht versucht, die Zügel unnötig hart einzusetzen. Ein loser Führstrick ist für Sie und das Pferd angenehmer, als wenn Sie es am Halfter oder am Nasenriemen führen. Am Führstrick kann das Pferd den Kopf fallen lassen und Ihnen in aller Ruhe folgen, ohne dass dauernd an seinem Kopf herumgezupft wird.

Oben: Troia begegnet ihrem ersten Schnee mit einiger Verwirrung. Sie bewegt sich langsam, scharrt, probiert und denkt über ihr Erlebnis nach.

Der Nasenriemen sollte nur lose verschnallt werden. Ein auf übliche Weise fest angezogener Riemen ist unangenehm. Pferde bauen Erregung nach einem rasanten Galopp oder wenn sie eine Aufgabe lösen durch Kauen ab – als versuchten sie, das Ereignis zu verdauen. Ist das Maul zugeschnürt, hat das Pferd Schwierigkeiten, die Spannung abzubauen und sich auf seine Aufgabe zu konzentrieren.

Die Arbeit wird vor allem dann zur Qual, wenn der Mensch rücksichtslos von den Zügeln Gebrauch macht oder wenn das Pferd einen so flachen Rachen hat, dass ein gebrochenes Gebiss gegen den Gaumen stößt, wenn es angenommen wird. Das Pferd würde versuchen, dem Schmerz auszuweichen, indem es das Maul öffnet, doch der Nasenriemen hält das Maul zu.

Ein unruhiges Maul oder das Öffnen und Schließen des Mauls sind deutliche Anzeichen von Unbehagen. In Freiheit knirschen Pferde nicht mit den Zähnen oder sperren das Maul auf. Dieses Verhalten beim Gehen ist nicht natürlich, sondern wird durch das vom Gebiss verursachte Unbehagen ausgelöst.

Durch die Einwirkung des Gebisses werden unweigerlich die natürlichen Bewegungen des Pferdes eingeschränkt. Verspannungen und Gesundheitsprobleme können oft die Folge sein. Das Pferd hat nichts dagegen, am langen Zügel zu gehen. Dann hat es die Möglichkeit, selbst sein Gleichgewicht zu finden. Es weiß selbst am besten, wie es den Kopf zu halten hat, damit das Reitergewicht die Bewegung möglichst wenig stört.

Der Schimmelhengst Ibn Maysoun mit Bint Babolna, die von ihm tragend ist.

Das Symptom zu unterdrücken, also das Pferd daran zu hindern, das Maul zu öffnen, ist im Allgemeinen keine Lösung. Als Nächstes schlägt das Pferd vielleicht mit dem Kopf, um Zügelfreiheit zu bekommen, oder es steigt, um dem Schmerz zu entgehen.

Ein doppelt gebrochenes Gebiss bleibt flach liegen und ist einem einfach gebrochenen Gebiss oft vorzuziehen – wenn denn ein Gebiss überhaupt nötig ist. Besonders bei jungen Pferden kann das Gebiss viel Kummer bereiten. Erst mit ca. sechs Jahren sind alle Milchzähne durch die bleibenden Zähne ersetzt. Wenn ein junges Pferd schlecht gelaunt ist und auf Gegenständen herumkaut, sind daran oft Zahnschmerzen schuld. Manche Pferde haben so genannte Wolfszähne. Das Gebiss kann dagegen schlagen, oder sie brechen gar nicht ganz durch, die Haut darüber ist aber empfindlich.

Die meisten Pferde halten Schmerzen lange aus. Wenn ein Pferd anfängt, längere Zügel zu fordern, indem es zum Beispiel mit dem Kopf schlägt, hat sich im Körper oft schon seit langem eine Dauerspannung angestaut.

Starke Gebisseinwirkung wird früher oder später Nacken- und Kopfschmerzen und sogar Narbengewebe im Maul verursachen. Von der Vorhand strahlt die Spannung ins Becken aus, und Rückenschmerzen wirken sich auf die Beine aus. Die Gänge werden kürzer, das Pferd wird steif oder fängt an zu lahmen, zum Beispiel bei Erkrankungen des Fesselträgers. Zugleich wirkt sich die Nackenverspannung schädlich auf den Kiefer aus, was zu Schmerzen im Kopfbereich und zu ungleichmäßiger Abnutzung der Zähne führt. Das Pferd kann nur schlecht kauen, was die Verdauung beeinträchtigt und Koliken verursacht.

Schmerzen im Maul haben auch Auswirkungen darauf, wie das Pferd das Gebiss annimmt. Wenn der Reiter verstärkt die Zügel einsetzt, wird die Verspannung wiederum erhöht. Manche Pferde haben einen dicken Hals mit wenig Ganaschenfreiheit. Wenn man sie mit viel Zügelkontakt zwingt, in Haltung zu gehen, werden die Speicheldrüsen gequetscht.

Hilfszügel, die das Pferd in Haltung zwingen, besonders Schlaufzügel, sind eine Gefahr für die Gesundheit. Schlaufzügel laufen von der Hand durch die Trensenringe zwischen den Vorderbeinen hindurch zum Gurt. Sie haben oft dazu geführt, dass Pferde sich Halswirbel gebrochen haben oder auf Dauer lahm gingen.

Selbst ein weicher Zügelkontakt begrenzt die natürliche Bewegung. Damit sich ein Pferd von der Spannung erholen kann, die von der Einwirkung des Gebisses verursacht wird, sollte es viel am langen Zügel laufen dürfen. Man kann ein Pferd auch versammeln ohne Gebiss, hauptsächlich mit Hilfe von Sitz, Schenkel und vielleicht einem Halfter oder einem Halsring. Auch auf diese Weise erhält man das Pferd gesund.

Kaci, Troia und der Tannenbaum.

FREUNDSCHAFT VERPFLICHTET

Wer in der Herde ist der wirkliche Verantwortungsträger, den der Mensch zu imitieren versucht?

Zur Natur des Pferdes gehört, dass es einen Verantwortungsträger benötigt, der für seine Sicherheit sorgt. Der Mensch sollte schon deshalb diese Vertrauensperson sein, weil ein Pferd mit seinen hunderten von Kilos, das nicht gelernt hat, auf die Führung des Menschen zu vertrauen, auf der Flucht gefährlich wird. Damit der Mensch ein vertrauenswürdiger Verantwortungsträger sein kann, muss die beiderseitige Beziehung auf einer freundschaftlichen und sicheren Atmosphäre beruhen.

In der Natur wird die Aufgabenverteilung in der Herde nicht durch Kraftproben entschieden. Das wirkliche Vertrauenspferd erwirbt sich seine Position dadurch, dass es sich als weise und ruhig erweist. Es macht einen gelassenen und ernsthaften Eindruck. Im Allgemeinen reicht als Signal für die anderen sein bloßer Gesichtsausdruck, ein intensiver Blickkontakt oder eine kleine Bewegung.

Ein Mensch, der beständig eine ruhige und freundliche Haltung bewahrt, erweist sich für das Pferd als vertrauenswürdig. Das Pferd kann sich entspannen und auf die Zusammenarbeit konzentrieren.

Der Mensch ist gewöhnlich nur eines der vom Pferd gutgeheißenen Vertrauensobjekte. Zusätzlich gibt es die Aufgabenverteilung in der Herde.

In der Natur streiten sich die Mitglieder einer Herde nur wenig, denn sie brauchen nicht um Fressplätze oder die Aufmerksamkeit des Menschen zu konkurrieren.

Aber Raumnot, Heimwechsel, langweilige Umgebung, Schmerz oder schlechte Behandlung können dazu führen, dass Pferde sich frustriert fühlen und ihr Unbehagen durch Balgereien abzubauen versuchen. Unfriede, der bei Wildpferden selten ist, verbreitet sich unter zahmen Pferden leicht. Sie schauen sich das entsprechende Verhalten untereinander ab – oder von den Menschen und ihren Gewaltmaßnahmen.

Selbst in beengten Verhältnissen sind Pferde bedeutend weniger aggressiv als zum Beispiel der Mensch. Sogar unter, im Verhältnis zu den artgerechten Bedürfnissen gesehen, unnatürlichen Bedingungen zeigen die meisten Pferde sehr wenig oder keine Aggressivität. Wenn das Verhalten eines Pferdes anfängt, für den Menschen

Links: Eine zärtliche Geste. Manche Menschen nehmen es sehr genau damit, dass ein Pferd sie nicht berühren darf, und interpretieren auch Freundschaftsbeweise als Versuch, die Grenze zu überschreiten. Wenn die Beziehung in Ordnung ist, besteht zu Grenzüberprüfungen keine Veranlassung.

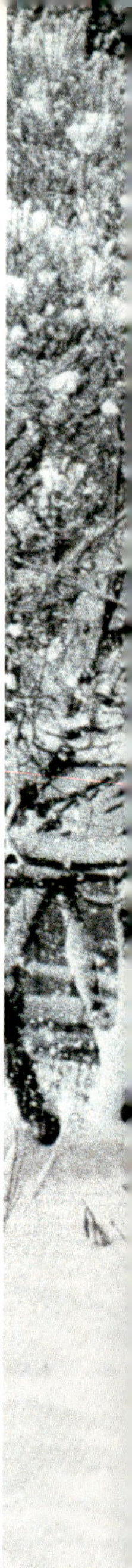

Oben: Drei genießen den Schnee. Zwei machen überraschend kehrt, und der Dritte stößt hinter dem Schneewall beinahe gegen die Schubkarre und bleibt etwas zurück.

Die Mitglieder einer von Menschen zusammengestellten Herde können sich ihre Gesellschaft nicht aussuchen. Wenn sie sich nicht leiden können, kann einer anfangen, Zähne und Hufe zu gebrauchen, was von den Menschen oft als eine Art Dominanz aufgefasst wird. Wenn ein Pferd jedoch die Wahl hat, wird es sich zu Freunden gesellen. Einige dieser Freunde sind gleichzeitig Verantwortungsträger. Streithähne dagegen werden gemieden, jedenfalls wenn bessere Gesellschaft zu finden ist.

problematisch zu werden, hat das Pferd meistens schon ungewöhnlich viele traumatische Erfahrungen hinter sich – Verlassenwerden, Gewalt, Isolation von den Artgenossen, Stress oder Schmerz.

In der natürlichen Herde kommt es dann zu Gewaltmaßnahmen, wenn zum Beispiel eine Stute ihr Fohlen entwöhnen muss, um Platz für einen Neuankömmling zu schaffen. Wir Menschen können uns daran kein Beispiel nehmen, denn die Ziele sind verschieden. Die Stute versucht, dem Fohlen die Nähe zu ihr unangenehm zu machen, damit es fern bleibt. Unser Ziel ist im Allgemeinen das Gegenteil.

Die Herde im Schneesturm.

Die so genannte Bestrafung untergräbt das Vertrauen. Sie ist auch sehr kurzsichtig, denn sie macht die Zusammenarbeit unangenehm. Ein Pferd lernt nachhaltiger, wenn das Gelernte mit etwas Positivem in Verbindung gebracht wird. Wenn das Pferd freiwillig mitmacht und nicht, um Leiden zu vermeiden, ist es zudem ein sichererer und glücklicherer Partner. Es arbeitet entspannt, und sein Verhalten ist leicht vorhersehbar.

Bestrafung ist besonders unlogisch, wenn ein Pferd seine Aufgabe nicht auf die gewünschte Weise gelöst hat. Die Strafe führt oft dazu, dass das Pferd sich gar nicht mehr an einen Versuch wagt, sondern scheu oder abgestumpft wird. Es gibt auch viele Pferde, die sich aufgrund von ungerechter Behandlung oder stressigen Lebensbedingungen abkapseln. Sie haben einen abwesenden, traurigen Blick und versuchen, möglichst wenig im Wege zu sein.

Wenn ein Pferd nicht auf die gewünschte Weise reagiert, rührt das meist von widersprüchlichen oder unklaren Aufforderungen her. Oft liegt es auch an Schmerzen, die sich nicht sichtbar manifestieren, nur dadurch, dass das Pferd nicht seit- oder rückwärts gehen kann, nicht springen mag oder sich nicht versammeln kann. Oder dadurch, dass es sich gegen das Satteln oder das Aufzäumen sträubt, bockt, schlägt oder beim Aufsitzen ausweicht, also den Schmerz zu vermeiden sucht. Bloße Steifheit ist schon ein Schmerzsymptom.

Wenn das Pferd aus eigener Initiative etwas tut, was die Sicherheit des Menschen gefährdet – schnappt, zu nahe kommt oder auf die Zehen tritt –, muss man ihm zu verstehen geben, dass dies nicht erwünscht ist. Freundlich aber bestimmt fordert man es auf, einige Schritte zurückzutreten. In Zukunft muss man darauf achten, dem Pferd nicht selbst versehentlich auszuweichen.

Es lohnt sich, darüber nachzudenken, was das Pferd sagen will. Manchmal zum Beispiel findet es das Putzen unangenehm, wegen hormoneller Schwankungen oder weil es einfach einen schlechten Tag hat. Ein kluger Mensch hört seinem Pferd zu. Einem rücksichtslosen Menschen kann das Pferd nicht mehr vertrauen, und die Probleme vervielfältigen sich, wenn es einen Widerwillen gegen die Zusammenarbeit entwickelt. Es dient der beiderseitigen Sicherheit, das Pferd zu beobachten, denn so kann man vermeiden, zum Beispiel ein krankes Pferd zur Arbeit einzusetzen.

Sensibilität

Ein krankes Pferd jammert nicht, sondern tut alles, um gesund zu erscheinen.

Es liegt in der Natur des Pferdes, Schmerzen nicht zu zeigen, denn ein Pferd, das sich von der Herde unterscheidet, fiele schnell den Raubtieren zum Opfer. Bei Pferden wird Schmerz nach außen höchstens erkennbar durch einen bedrückten, nach innen gekehrten Gesichtsausdruck mit seitlich gestellten Ohren, gequältes Wedeln des Schweifs, verminderten Appetit oder entzündliche Absonderungen. Ein krankes Pferd gibt sich die größte Mühe, gesund zu erscheinen. Oft ist es dann sogar zu ganz erstaunlichen Leistungen fähig.

Wenn es schließlich, zum Beispiel, infolge von Überbelastung, deutlich zu lahmen beginnt, hat es vermutlich schon lange Zeit unter Schmerzen gelitten. Auch Rückenschmerzen haben Pferde oft lange zu ertragen. Manchmal sinkt der Rücken leicht ab, sodass sich die Dornfortsätze der Rückenwirbel berühren („Kissing Spines").

Wird der Schmerz nicht beachtet, verlangsamt sich erwiesenermaßen die Genesung und neue Gebrechen entstehen. Es kommt auch für den Menschen zu wirtschaftlichen Einbußen, ganz abgesehen vom Leid des Pferdes. Würden zum Beispiel Koliksymptome und Rückenbeschwerden frühzeitig wahrgenommen, könnte dies die Rekonvaleszenz verkürzen und oft sogar das Leben des Pferdes retten.

Es gibt viele Untersuchungen über das Schmerzempfinden bei Tieren. Heutzutage weiß man, dass das, was dem Menschen wehtut, auch die Tiere schmerzt. Alles, was lebt und sich bewegt, fühlt Schmerz, denn wer keinen Schmerz empfindet, kann nicht lange überleben: Er meidet keine Zusammenstöße, Stürze, Verbrennungen usw. Das Pferd ist als Spezies viel älter als

Bint Babolna wurde aus schlechten Umständen gerettet und hatte ziemliche Probleme mit ihren Beinen, als sie nach Juhola kam. Jetzt genießt sie das Leben mit ihrem Hengst, Ibn Maysoun.

etwa der Mensch, das heißt, es hat schon vor langer Zeit Eigenschaften entwickelt, die sein Überleben garantieren.

In der Natur des Menschen liegt es, Schmerz laut zu äußern, und deshalb erkennt er stimmliche Klage am deutlichsten als Schmerzsignal. Würden Pferde auf Schmerz mit Lauten reagieren, würde der Mensch sein Pferd vielleicht nicht schlagen oder mit den Sporen traktieren.

Auch wenn viele Reiter die Sporen überlegt einsetzen, beruht ihre Wirkung darauf, dass sie wehtun. Sonst würde das Pferd darauf nicht stärker reagieren als auf bloßen Schenkeldruck und die Sporen wären nicht starr und scharf. Mit Sporen zu reiten ist etwa so, als hielte man einem Menschen einen dicken Nagel an die Rippen, während er laufen und springen muss, und wenn die Aufmerksamkeit nachlässt oder die Muskeln ermüden, bohrt sich der Nagel in die Haut.

Manchmal werden Sporen nur vorübergehend gebraucht, um das Pferd empfindlicher auf den Schenkel zu machen. Das kann auch funktionieren: Das Pferd reagiert vielleicht wie gewünscht – um die nächste Stufe, den schmerzhaften Sporeneinsatz zu vermeiden. Um ein Pferd auf Dauer und mit fairen Mitteln zu sensibilisieren, müssten einfach die Arbeit und das ganze Leben lohnender, lustiger, abwechslungsreicher und für die angeborene Neugier des Pferdes befriedigender gestaltet werden.

Ein allein Gebliebener gesellt sich zu den Anderen.

Im Allgemeinen passt sich das Pferd den Wünschen und Plänen des Menschen an. Es beklagt sich nicht wegen Kleinigkeiten, sondern tut sein Bestes, und zwar nicht bezwungen durch Gewalt oder ungerechte Behandlung, sondern trotz solcher Umstände.

Besonders wenn ein Pferd viel allein in der Box oder auf einem kleinen Auslauf steht, ohne die Möglichkeit, in der Herde zu leben, wird es normalerweise auf jede erdenkliche Art versuchen, dem Menschen während der kurzen Zeit gefällig zu sein, in der es endlich Gesellschaft findet. Der Mensch mag glauben, sein Pferd sei vollkommen glücklich und begeistert davon, zum Beispiel, im Kreis herum laufen zu dürfen. In Wirklichkeit kann es sein, dass dem Pferd, nachdem es lange Zeit einsam und allein herumstehen musste, jedwede Beziehung zu einem lebenden Wesen besser erscheint als gar nichts.

Je mehr ein Pferd auf den Menschen wartet und je mehr es sich freut, wenn es ihn endlich sieht, desto langweiliger und trübsinniger ist wahrscheinlich sein Leben, wenn der Mensch abwesend ist, also möglicherweise der größte Teil seines Lebens.

Das Pferd ist sehr schmerzempfindlich: Schmerzempfinden ist eine Voraussetzung für das Fortbestehen der Art. Individuen, die im Laufe der Evolution den Krallen der Raubtiere nicht ausgewichen sind, fielen diesen zum Opfer und konnten ihre weniger schmerzempfindlichen Erbanlagen nicht weitergeben. Die Empfindlichsten blieben am Leben. Hätten die wilden Vorfahren unserer Pferde keine Schmerzen empfunden, wäre die Art längst ausgestorben.

Das Leben des Pferdes

Die Herde hat das ganze Jahr hindurch freien Zugang zum Offenstall und zur Weide. Die Luft in einem gewöhnlichen Stall ist nie so frisch, wie Pferdelungen sie bräuchten.

Troia wurde an der frischen Luft geboren, an einer Stelle, die sich die Mutter ausgesucht hatte. Von klein auf war sie an das Leben im Freien gewöhnt. Weil man sich heute zumindest in Hofnähe nicht vor Raubtieren zu fürchten braucht, müssen die Pferde auch nachts nicht im Stall stehen und sich langweilen. Ein Pferd schläft normalerweise nur wenige Stunden, und auch die nur teilweise nachts. Ansonsten läuft es umher auf der Suche nach Fressbarem und unterhält sich mit den Herdengenossen.

Die Stallhaltung ist ein Erbe aus der Zeit der Armee- und Arbeitspferde. In der Armee wollte man aus praktischen Gründen die Pferde in Reih und Glied stehen haben, bereit zum Dienst. Arbeitspferde wiederum kamen beispielsweise nass geschwitzt vom Holzrücken, und es war natürlich, sie zum Trocknen in den Stall zu bringen.

Troias Herde stand auch im Winter am liebsten draußen im Schnee und drehte dem Sturm die Kehrseite zu. Im Sommer zogen sie sich in die Kühle des Stalles zurück, wenn die Stechfliegen allzu aufdringlich wurden.

Als Beutetier braucht das Pferd den Schutz der Herde und Platz um sich herum, um wenigstens eine kurze Distanz zur Verfügung zu haben, wenn es vor einer Gefahr flüchten muss. Ein Stall oder ein kleiner, kahler Auslauf können ziemlich beängstigend sein. Manch ein an ein Leben im Freien gewöhntes Pferd geht freiwillig nie wieder in den Stall, wenn es endlich von dort entkommen ist. Andererseits gibt es auch Pferde, deren Umgebung so unnatürlich unruhig ist, dass der Stall der einzige Ort ist, an dem sie zur Ruhe kommen.

Der Geruchssinn des Pferdes ist hoch entwickelt. Einmal hielt Kaci während einer Geländerunde an, fing an im 30 cm tiefen Schnee zu scharren und fand dort eine fast geruchlos gewordene Mohrrübe. Einem mit solch scharfen Sinnen ausgestatteten Tier kann es nicht leicht fallen, in der dumpfen Luft eines Stalles zu leben.

Auch viele Tierärzte empfehlen den Offenstall ganzjährig für alle Rassen. Die feuchtwarme Luft normaler Ställe fördert die Entwicklung von Krankheitserregern. Tierärzte warnen nicht mehr vor Zugluft, sondern betonen im Gegenteil die Bedeutung der Frischluftzufuhr. Wenn man aus irgendeinem Grund keinen freien Zugang nach draußen ermöglichen kann, sollte der Stall zumindest kräftig durchlüftet sein. Vorsicht ist allerdings geboten, wenn die Außenluft direkt in die Box geführt wird. Ein Pferd, das nach eigener Wahl ein- und ausgehen kann, kann sich aussuchen, ob es in der

Manchmal wird befürchtet, dass ein Pferd, das draußen in der Herde ist, sich nicht mehr auf seine Arbeit konzentrieren könnte. Ein Pferd, das viel für sich allein steht, ist oft für jede Art von Beschäftigung dankbar. Wenn es ein natürlicheres Pferdeleben führen darf, arbeitet es erst dann freudig mit, wenn ihm die Gegenwart des Menschen Sicherheit und Wohlgefühl vermittelt.

Die Pferde ziehen von einer Weide zur nächsten um. Auch eine kleine Abwechslung verbessert die Laune.

Ein Freiluftpferd hat selten Probleme mit den Atemorganen. Da es nicht gezwungen ist, immer an einem Platz zu stehen, funktioniert der Stoffwechsel, und das Kolikrisiko vermindert sich. Der Körper bleibt geschmeidig, so dass Zerrungen und andere Unfälle seltener werden. Boxen sind im Verhältnis zur Größe des Pferdes meistens klein – etwa vergleichbar mit einem Käfig zum Transport von Hunden, mit dem Unterschied, dass ein Hund nur ausnahmsweise darin untergebracht wird.

Zugluft stehen will, oder nicht, und es kann sich durch Bewegung warm halten. In der Box kann es nicht ausweichen.

Ein Freiluftpferd fühlt sich wohl, weil es seine Umgebung beobachten, seine Intelligenz benutzen und seine Neugier befriedigen kann. Es darf sich beschäftigen und alles untersuchen, was von Interesse erscheint. Ein Pferd erholt sich nach der Arbeit auch am besten, wenn es sich im eigenen Rhythmus bewegen kann.

Ein natürliches Leben in der Herde verleiht auch sonst eine stabile Gesundheit. Die Pferde in Troias Herde sind wahre Urbilder an Gesundheit.

Wenn die Pferde untereinander kommunizieren können, bleiben sie auch dann gut gelaunt, wenn der Mensch nicht immer genügend Zeit hat, sich mit ihnen zu beschäftigen. Artgenossen sind auf jeden Fall die beste Gesellschaft und durch den Menschen nicht zu ersetzen. In der natürlichen Herdengemeinschaft hat jedes Pferd ein oder zwei enge Freunde fürs Leben.

Wenn es aus irgendeinem Grund nicht möglich ist, die Pferde im Offenstall zu halten, sind Laufställe eine annehmbare Alternative. Der Kontakt zu Artgenossen und das freundschaftliche Zusammensein sind Grundbedürfnisse des Pferdes.

Manche Menschen befürchten Konflikte zwischen den Pferden, aber wenn das Platzangebot ausreicht und individuelle Fressplätze zur Verfügung stehen, besteht kaum eine Gefahr. Kommt ein Pferd mit einem anderen wirklich nicht aus, bringt man die beiden am besten in verschiedenen Herden unter. Hin und wieder hat ein Pferd so viel Angst vor einem anderen, dass es ständig auf der Hut ist und sich kaum traut, ausreichend zu schlafen.

Besonders erwachsene Pferde haben ihre eigenen Gewohnheiten. Nicht alle freunden sich mit allen an, wie ja auch die Menschen sich nicht an alle ihre Artgenossen eng anschließen.

Es kommt auch vor, dass Individuen, die in anderer Umgebung aufgewachsen sind oder einer anderen Rasse angehören, auf eine Art miteinander kommunizieren, die von der der anderen abweicht.

Es lohnt sich nicht, ein Freiluftpferd viel zu putzen, damit dem Fell nicht das natürliche Fett entzogen wird. Das Fett schützt vor Feuchtigkeit, und ein Freiluftpferd wird auch nach dem Wälzen schnell wieder sauber.

Wenn ein Pferd friert, wird es versuchen, Wärme durch Muskelzittern zu erzeugen. Alte und magere Pferde frieren leichter. Auch an das Leben im Offenstall gewöhnte Pferde können ein wenig Wärme brauchen, wenn die Temperatur zum Beispiel unter minus 10 Grad fällt: Nach Bedarf mit Decken geschützt, sind sie gern den ganzen Winter über im Freien. Man sollte die Pferde aber nicht zu oft und dick eindecken, denn in zu dicker Kleidung fühlt man sich leicht beengt. Ist das Pferd unter der Decke feucht, ist diese zu dick.

Spezielle Abschwitzdecken sorgen dafür, dass die Feuchtigkeit selbst aus einem dicken Winterpelz schnell nach außen abgegeben wird. Zum Warmhalten bestimmte Decken sollten luftig und lose sein. Bei kaltem Wetter stellt sich das Fell des Pferdes auf und wärmt dann am besten. Wenn die Decke die Haare eng an die Haut drückt, friert das Pferd noch mehr als ganz ohne Decke.

Hin und wieder ist zu hören, nicht alle Pferde fühlten sich draußen wohl. Wenn die zur Verfügung stehende Fläche klein und eintönig ist und es dort keine Gesellschaft gibt, wird es dem Pferd vermutlich langweilig. Es wird dann am Tor stehen und darauf warten, dass sich etwas ereignet. Manche gehen auch deshalb gerne in die Box, weil sie gewöhnt sind, dort gefüttert zu werden.

In guter
Gesellschaft
ruht die Seele.

Winterlichter

Kaci kundschaftet den Weg aus. Oft heißt es, ein Pferd sei eigensinnig, wenn es in Wirklichkeit nur seinen Verstand und seine durch Erfahrung erworbene Klugheit anwendet.

Die Pferde fühlten sich in der Nähe von Menschen wohl und begrüßten sie, sobald die Tür sich öffnete. Troia blubberte leise und tief oder wieherte hell. Bei Ausflügen jagte Troia durch den Wald, was die Hufe hergaben, und quiekte vor Wonne. Mit dem Führen fingen wir erst an, wenn Troia genügend Dampf abgelassen hatte und sich wieder konzentrieren konnte.

Wenn die unterm Schnee verborgene Oberfläche nicht genau bekannt war, stieg der Reiter ab, um Kaci das Gehen zu erleichtern. Wenn Pferde dazu Gelegenheit haben, erkunden sie oft die zweifelhafte Stelle mit den Vorderhufen und entscheiden, wo sie weitergehen können.

Im vorigen Sommer hatte man Kaci trotz ihres Widerstands über einen Graben getrieben. Der Untergrund erwies sich als zu weich, und Kacis Hinterbeine versanken bis zum Bauch im Schlamm. Man sollte ein Pferd nie in solch eine Situation bringen, doch glücklicherweise verzieh Kaci, und das Vertrauen blieb erhalten.

Ein anderes Mal wollte sich Kaci nicht in die Schere ihres Arbeitswagens einschirren lassen. Als man es mit anderen Wagen versuchte, war Kaci sofort einverstanden. Nähere Untersuchung brachte zutage, dass die Schere des ersten Wagens für sie zu eng geworden war. Kaci hatte sich erinnert, dass die Scherbäume schon beim letzten Mal unangenehm gegen die Rippen gedrückt hatten, und uns zu verstehen geben wollen, dass ihr Bauch nicht mehr dazwischen passte.

Einmal blieb sie am Tor stehen und wollte nicht hinausgehen. Nach kurzer Überlegung stellte sich heraus, dass Kacis Bauch auf der Weide so prall geworden war, dass sie das Tor nicht hätte passieren können, ohne mit dem Geschirr irgendwo hängen zu bleiben. Das wusste Kaci, ohne es ausprobieren zu müssen, einfach indem sie ihre Flanken und danach das Tor betrachtete.

Einmal kam auf dem Weg ein Pferd mit Reiter entgegen. Das Pferd beschnupperte Troia freundlich. Trotzdem flüchtete sie fast sofort, versteckte sich hinter Kaci und schnaubte aufgeregt vor sich hin.

Es war stilles Tauwetter, und die Fichten standen stumm in ihrem Schneemantel. Der Friede wurde erst gestört, als Kaci zum Galopp herausgefordert wurde. Troia stürmte an ihr vorbei, und Kaci warf ihr Hinterteil hoch und stürzte im vollen Galopp hinterher. Im Nu waren viele hundert Meter zurückgelegt, und die Pferde freuten sich ihres Lebens.

Troia galoppierte den ganzen Weg nach Hause vor und zurück und trat im Vorübergehen fröhlich gegen das Scheunentor. Sie hatte keine Lust, sofort hinter Kaci her auf die Weide zu gehen, sondern blieb zurück und untersuchte wichtig den Gartenschlauch auf dem Hof.

Wenn der Mensch sich nicht als vertrauenswürdiger Verantwortungsträger erweist, sondern sein Anliegen unklar vorbringt, wird manch ein Pferd seine eigene Entscheidung treffen, nach bestem Wissen und Gewissen. Auch kleine Dinge, wie Eile und Unruhe, erschweren dem Pferd das Dasein und erschüttern sein Vertrauen.

Wintervergnügen

Auch der Winter hat für die natürliche Unterhaltung des Pferdes einiges zu bieten.

Es fiel immer mehr Schnee. Die Pferde wurden umgestellt und begrüßten die vom Sommer her bekannte Weide freudig im vollen Galopp.

Der Übergang in eine neue Umgebung ist ein großes Ereignis und verlangt vom Pferd so viel Denkenergie, dass es so müde wird wie nach körperlicher Anstrengung. Nach den Erlebnissen des Tages schmeckt dann der Schlaf süß. Nach Wanderungen im Wald und auf der Weide kamen die Pferde entspannt und fröhlich nach Hause. Ihre gute Laune war für uns Belohnung genug für die Mühe der Vorbereitungen wie das vorangegangene Zäunekontrollieren.

Auf den Wiesen hatten wir für den Winter das Gras stehen lassen. Die Nahrungssuche sorgt für körperliches und seelisches Gleichgewicht. Wenn die Pferde vom Herbst an daran gewöhnt sind, jeden Tag oder jede Nacht zu grasen, macht ihnen das gefrorene Gras nichts aus. Im Allgemeinen ist der Verdauungstrakt nur dann anfällig für Störungen, wenn sich Qualität oder Temperatur der Nahrung plötzlich ändern.

Troia machte sich mit ihren Freunden über die langen Halme her, die ihnen im Sommer nicht gemundet hatten, als Saftigeres zu finden war. Infolge dieser Nachmahd würde das Gras im Frühjahr umso besser wachsen.

Scharren ist intensive, natürliche Bewegung. Da die Pferde zwischendurch den Boden auch tiefer aufscharrten, lockerten sie die Erde, was dem Graswachstum zugute kommen würde. Allerdings sollten die Pferde die Weide nicht bis zu den Wurzeln abnagen. Dann kommt das Gras gut über den Winter und bringt in der nächsten Saison reiche Ernte.

Auch im Sommer darf die Weide nicht ratzekahl leer gefressen werden. Wenn das Pferd das Gras zu nah an der Wurzel abreißen muss, kommt die Wurzel mit, und das Pferd nimmt Erde auf. Außerdem verschlechtert sich der Graswuchs.

Im Winter wurde hier und da Heu aufgehäuft. Die Pferde konnten herumwandern wie beim Grasen und hatten genügend Zeitvertreib. Nachts, wenn die Fresspausen lang waren, schmeckten ihnen getrocknete Zweigbündel. Espenrinde ist in südeuropäischen Rennställen als Wurmmittel im Gebrauch. Die Espe enthält auch reichlich Protein, mehr als zum Beispiel Klee.

Die Herde fraß täglich auch Nadelbaumzweige und schälte Baumstämme, damit die Zähne eine natürliche Beschäftigung hatten. In der Fürsorge des Menschen nutzen sich die Zähne oft zu wenig oder ungleichmäßig ab. Geschälte Stämme wurden beizeiten entfernt: Das splitterige Innere könnte Verdauungsstörungen verursachen.

Im Februar/März waren die Knospen der Laubbäume kurz vor dem Aufbrechen. Für die Pferde bedeutete dies fürstliche Gelage. Die Zweige schmeckten nach süßem Baumsaft, und wenn man sie bei Zimmertemperatur ins Wasser stellt, sprießen die Blätter schnell.

Links: In Fichtennadeln sind reichlich Vitamin C und Spurenelemente enthalten. Unten: Futterzweige werden von Espe, Eberesche und Weide geschnitten.

Pferde sind flexibel und lernen irgendwie, mit dem durch liebloses Absetzen verursachten Gefühl der Schutzlosigkeit zu leben. Ebenso akzeptieren wir Menschen wie selbstverständlich die von uns selbst verursachten Probleme: Das Pferd wird immer angebunden, weil es sonst zur Herde laufen würde. In seiner Nähe bewegt man sich vorsichtig und schafft ein scharfes Gebiss an, denn wenn etwas Überraschendes geschieht, würde das Pferd nicht dem Menschen vertrauen, sondern sein Heil in der Flucht suchen.

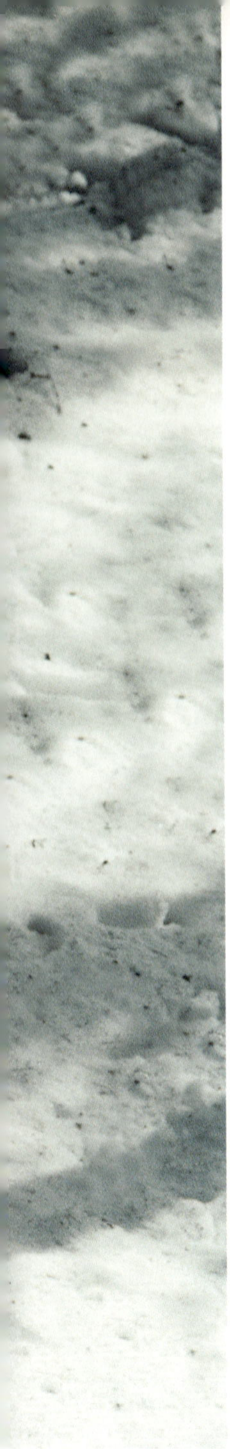

Ende der Milchzeit

Wenn ein Fohlen lange saugen darf, hat es eine solide Wachstumsgrundlage. Auch Vertrauen und Selbstbewusstsein entwickeln sich leichter, wenn das Fohlen nicht unter der Trennung von Mutter und Heimat zu leiden hatte.

Troia war bis zu etwa einem Jahr ein Saugfohlen. In der Natur trinkt ein Fohlen wenigstens bis zur Geburt des nächsten Nachkommen bei der Mutter, also mitunter bis zu zwei Jahre lang. Auch wenn die Milch versiegt ist, bleibt ein Fohlen bis zum dritten Lebensjahr bei der Mutter und ist auch danach noch geistig ein Kind.

Verhaltensgestörte Pferde sind oft vor dem natürlichen Zeitpunkt oder zu plötzlich abgesetzt worden. Aus dem grundlegenden Gefühl der Schutzlosigkeit heraus suchen sie Trost, indem sie Holz verbeißen, Luft schlucken (koppen) oder stereotyp von einem Vorderfuß auf den anderen treten (weben). Solche Verhaltensweisen treten bei vielen Tieren auf als Zeichen extremer Bedrücktheit. Bei jahrelang in Gefängniszellen eingesperrten Menschen können sich ähnliche Stereotypien entwickeln. Die endlos wiederholte Bewegung führt zur Bildung von Endorphinen, welche das Dasein ein wenig erleichtern.

Versucht man, das Pferd durch einen eng an der Kehle anliegenden Kopperriemen am Koppen oder Holzfressen zu hindern, verstärkt man damit womöglich noch sein generelles Unbehagen. Besserung ist eher davon zu erwarten, dass man das Pferd aus dem eintönigen Stall heraus und in Pferdegesellschaft auf eine große, abwechslungsreiche Weide bringt.

Das frühe Absetzen ist auch für die Stute schwer. Solange die Milch noch reichlich fließt, ist auch die Hormonausschüttung rege, was es der Mutterstute auch seelisch erschwert, ihr Kind herzugeben. Ist das Fohlen ein Jahr alt oder älter, geht der Milchfluss schon zurück.

Muss ein Fohlen aus irgendeinem Grund unbedingt entwöhnt werden, bevor die Stute dies ohnehin tut, so sollte dies am besten über mehrere Monate hinweg geschehen. Anfangs trennt man Stute und Fohlen nur einen Augenblick und sorgt dafür, dass sie immer wissen, wo der andere Teil gerade ist, dass sie in angenehmer Gesellschaft sind und genügend zu fressen haben.

Unten: Das Absetzen wird mit einem Blumenstrauß gefeiert. Bald können Kaci und Troia wieder zusammenkommen.

Das neue Fohlen wuchs in Kaci heran, und die Milcherzeugung verbraucht Kraft. Deshalb musste Troia entwöhnt werden.

Der Alltag wurde so wenig wie möglich gestört. Mal blieb Kaci allein im Stall und Troia war draußen, mal war es umgekehrt, aber der obere Teil der Tür stand immer offen. Sie konnten sich weiterhin berühren und beieinander dösen. Die einzige Veränderung war, dass Troia nicht mehr saugen konnte.

Anfangs war Kaci im Stall und Troia stand draußen Wache. Beide waren guter Laune. Troia brummelte eifrig und bettelte lauthals um Heu. Troias Wiehern klang schrill, das von Kaci tief. Kaci begrüßte auch die auf dem Hof ankommenden Autos mit Wiehern.

In der Anfangszeit war Kacis Euter geschwollen, und sie fühlte sich unwohl. Auch Troia war verwirrt. Sie schnappte leicht ein, wenn sie etwas tun sollte, was sie nicht verstand, zum Beispiel, der Schubkarre ausweichen. Als sie versehentlich mit dem Fuß dagegen stieß, guckte sie beleidigt und zog sich schmollend zurück. Deshalb wurde ihr nicht viel Konzentration abverlangt. Das unbeschäftigte Mäulchen wurde zum Zeitvertreib mit Zweigen und Stroh versorgt. Auch Kaci bekam ihre eigene Ration zur Aufheiterung der Laune.

Auch wenn die beiden Pferde vom Stall auf die Weide wechselten, gab es keine Probleme: Kaci und Troia gingen hinter dem Broteimer her aneinander vorbei, ohne daran zu denken, eine Saugpause zu machen, und keinem fiel ein, die Menschen dafür verantwortlich zu machen, dass Troia nicht mehr saugen konnte.

Nach einer Woche wurde die Tür geöffnet, und Troia eilte zu Kacis Flanke. Doch die Milch war versiegt, und Kaci scheuchte Troia mit dem Hinterbein weg. Troia versuchte wieder und wieder, sich zu nähern, wurde böse, warf den Kopf auf und trat mit dem Fuß aus – Kaci blieb stur. Ein paar Tage hielt Troia das Betteln durch, dann wandte sie sich anderen Dingen zu. Der Wind brachte schon einen Hauch von Frühling mit.

Links: Troia bettelt um Milch, doch Kaci sieht man an, dass sie Troia nicht ans Euter heranlassen will.

Oben: Das wache Auge von Kaci. Sie genießt das Vertrauen der Herde und fungiert auch als Ordnungshüter: Wenn das Spiel allzu rau wird, geht sie dazwischen und sorgt dafür, dass die Lage sich wieder entspannt.

Wenn Pferde unsachgemäß abgesetzt wurden, kann dies dazu führen, dass sie zeitlebens Angst haben, von anderen Pferden getrennt zu werden. Sie wollen sich zur Arbeit nicht einfangen lassen, weil sie wissen, dass die Freunde während ihrer Abwesenheit verschwinden können. Sie tun sich überhaupt schwer, sich zu konzentrieren und entspannt zu arbeiten.

Spielen ist für Pferde die beste und sicherste Bewegung. Longieren kann zum Beispiel leicht zu Verletzungen und zur Bildung von Überbeinen führen. Beim im Kreis Laufen werden durch die schräge Stellung die Gliedmaßen deutlich mehr beansprucht als bei natürlicher Bewegung.

Die Zeit des Wachstums

Die Pferde feiern den Frühling.

Zum Eingewöhnen durften die Pferde anfangs jeweils nur kurz das frische Gras genießen und bekamen zusätzlich altes Heu. Nach zwei Wochen hörten wir mit der zusätzlichen Heufütterung auf.

Der Weg zur Weide führte über einen Graben. Der sah verdächtig aus, denn er hatte weiche Ränder. Kaci rammte die Beine in den Boden. Erst als die Menschen ein Beispiel gaben, die Ränder untersuchten, das Gras festtraten und auf die andere Seite sprangen, folgte die Stute nach.

Troia hatte die Vorgänge mit Interesse verfolgt. Zum Glück gab Kaci ein gutes Beispiel und vertraute der Urteilskraft der Menschen.

Großes Vertrauen kann aber manchmal auch zu Missverständnissen führen. Einmal kam uns im Wald ein einsamer Rottweiler entgegen. Damit die frei hinter Kaci folgende Troia nicht Bekanntschaft mit dem fremden Hund machen musste, drehte ich Kaci sofort um und ritt in die entgegengesetzte Richtung. Aus Kacis Perspektive wirkte das nun natürlich so, als sei dieser Hund wirklich gefährlich, forderte der Mensch sie doch auf einmal dazu auf, in aller Hast vor ihm zu flüchten. Kaci, die sich sonst nicht vor Hunden fürchtete, verfiel in einen Renngalopp und suchte das Weite, wobei sich der Reiter gerade noch im Sattel halten konnte. Troia kam hinterhergesaust, und zurück blieb ein Rottweiler, der sich wahrscheinlich wunderte, was denn eigentlich los war.

Manchmal ließen wir zur Stärkung des Selbstbewusstseins die Pferde Probleme auf eigene Faust lösen. Wenn sie zum Beispiel am Himmel fliegende Heißluftballons bestaunten, hatte es wenig Sinn, hinzugehen und sie zu beruhigen. Nach kurzer Verwunderung merkten die Pferde selbst, dass davon keine Gefahr ausging. Oder wir stellten auf die andere Seite eines bedenklichen Grabens als Lockmittel einen Eimer Mohrrüben, damit sich das Wagnis eines Sprungs hinüber auch ganz sicher lohnte.

Bis zur Geburt von Kacis neuem Fohlen waren es noch zwei Monate. Wenn man die Hände an ihre Flanken legte, spürte man manchmal das Stoßen eines kleinen Hufs. Gute Laune und frisches Gras garantierten, dass das Fohlen gesund zur Welt kommen würde.

Das Wetter wird wärmer, und die Pferde stoßen innerhalb von zwei Wochen das Winterfell ab. Troia hat nach der Fohlenwolle zum ersten Mal ein glattes Fell.

Sich zu berühren ist engen Freunden vorbehalten. Manche Pferde mögen es nicht, von Fremden gestreichelt zu werden. Unter Pferden wäre es merkwürdig, sich ohne weiteres direkt zu nähern. Auch der Mensch kann als Geste der Höflichkeit erst seine Hand zum Beschnuppern ausstrecken. Pferde sind nicht immer zum Schmusen aufgelegt: sie berühren einander nur dann, wenn es beiden passt.

In Erwartung

Kaci hat ihr Fohlen zehn Monate getragen.

Kaci war rund um die Uhr unter Beobachtung, weil wir zugegen sein wollten, um eine sichere Geburt des Fohlens zu gewährleisten. Gegen drei Uhr morgens schlief Troia gewöhnlich ein Stündchen. Wenn sie Schritte hörte, hatte sie meist keine Lust zum Aufstehen. Manchmal lag auch Kaci am Boden. Um vier Uhr jedoch wanderten beide im Frühtau umher und genossen die Kühle der Nacht und die Abwesenheit der Stechmücken.

Im Juni kamen die Bullenkälber der Nachbarn auf die Weide. Für Troia waren sie eine interessante Abwechslung, und sie ging nahe an den Zaun heran, um hinüberzuschauen. Die Kälber drehten die zotteligen Ohren dem Pferd zu und schauten sanft aus seelenvollen Augen.

Kaci dagegen fand das Ereignis äußerst bemerkenswert. Sie schnaubte aufgeregt, trabte mit hoch erhobenem Kopf und Schweif heran, blieb stehen, prustete und schüttelte wie missbilligend den Kopf. Kopfschütteln ist oft ein Zeichen von Erregung, allerdings weniger von Angst als von Spiellaune und Selbstwertgefühl. Man hört oft, der Mensch müsse auf seiner Vorrangstellung bestehen, indem er das Pferd zum Zurück- oder Ausweichen und Kopfsenken auffordert. Wenn die Aufgabenverteilung gefestigt ist, sodass das Pferd der menschlichen Führung vertraut, hätte manches Pferd wohl mehr davon, wenn sein Selbstvertrauen gestärkt würde, anstatt dass es fortwährend gedemütigt wird.

Ein Pferd, das vor Kraft und Bewegungsfreude strotzt, pumpt die Lungen voll Luft, wölbt Rücken und Nacken auf, wirft sich in die Brust und stolziert mit federnden Tritten auf und ab. Wenn der Mensch diese Gesten nachahmt, kann er das Pferd dazu ermuntern, sich ebenso zu bewegen. Kaci nimmt sich auf und macht ein wichtiges Gesicht, wenn sie nur gelobt und zum Laufen ermuntert wird, vor dem Wagen oder auch frei.

In Freiheit zeigt ein Pferd Versammlung nur sekundenlang. Die Versammlung unter dem Reiter sieht heutzutage sowieso häufig anders aus, weil die Nase des Pferdes an der Senkrechten stehen soll. Auch ist der höchste Punkt des Pferdes oft nicht das Genick, unmittelbar hinter den Ohren, wie es sein sollte, sondern er liegt weiter zurück, was nicht der Pferdeanatomie entspricht und Schmerzen verursacht.

Darüber hinaus wird oft versucht, eine versammelte Haltung weitgehend durch Einwirkung auf die Vorhand zu erreichen, was leicht zu Rücken- und Beinbeschwerden führt. Richtige Versammlung beginnt damit, dass die Hinterhand tief unter den Rumpf tritt und der Rücken sich aufwölbt. Kopf und Hals bewegen sich frei, und das Pferd schüttelt ausgelassen den Kopf. Die Versammlung unter dem Reiter entspricht allgemein also nicht der freudigen und selbstbewussten Haltung, die ein Pferd beim Spiel einnimmt.

Kacis Euter wurde von Tag zu Tag praller, doch das Fohlen ließ sich immer noch Zeit. Inzwischen war es Juli geworden, Hochsommer. Eines Abends zeigten sich an Kacis Euter weiße Harztröpfchen. Jetzt stand die Geburt des Fohlens wirklich unmittelbar bevor.

Man sieht einem Pferd an, ob es ein natürliches Herdenleben führt, oder ob es viel auf der Stelle stehen muss und hauptsächlich bei der Arbeit Bewegung bekommt. Man sieht es am Gesicht – der Blick eines natürlich in der Herde lebenden Pferdes ist entspannt und der Ausdruck offen – und man merkt es am Gang. Bei einem in freier Natur lebenden Pferd sind die Muskeln die ganze Zeit in Aktion, was sich in geschmeidigen Bewegungen äußert. Ein an einseitige Bewegung gewöhntes Pferd läuft wie ein Paket, mit steifen Muskeln.

Kaci hat elf Monate Trächtigkeit hinter sich. Die Geburt steht kurz bevor. Troia darf bei dem Ereignis dabei sein. Kaci hat nicht das Bedürfnis, sich von der übrigen Herde abzusondern, wie es manche Pferde tun. Auch in Freiheit sind manche Stuten froh um die Unterstützung durch die Herde, andere dagegen bleiben sogar tagelang für sich.

Die Geburt von Somnus

Nach Mitternacht wandert Kaci unruhig hin und her und schwitzt. Troia läuft verwirrt hinterdrein.

Es ist wichtig, dass die Stute sich frei bewegen kann. Bewegung lindert die Schmerzen und hält den Stoffwechsel in Schwung: Die Gefahr einer Kolik vor der Geburt verringert sich, und das Fohlen bekommt durch die Nabelschnur möglichst viel Sauerstoff.

Das Fohlen kam im Schutze des alten Faulbaums um halb zwei Uhr nachts zur Welt. Ein kleiner, feuchter Hengst, die Mähne schon herzensbrecherisch gelockt und im Fell den warmen Fohlenduft.

Kaci stand sofort auf, doch legte sie sich wieder hin, als sie merkte, dass sich die Menschen um das Fohlen kümmerten. Troia schnupperte zerstreut, wollte das Fohlen sogar kurz mit den Hufen untersuchen und beschloss endlich, den Kleinen abzuschlecken.

Das Fohlen wurde mit Tüchern abgetrocknet. Mit dem Badetuch über dem schmächtigen Rücken stand es da wie ein Boxer der Fliegengewichtklasse nach Schweiß treibendem Kampf. Es ist gut, wenn ein Fohlen sofort berührt wird, damit es sich gleich an die Gegenwart von Menschen gewöhnt. Das Fohlen zu berühren stärkt auch die Beziehung der Stute zu den Menschen, wenn das Vertrauen so groß ist, dass die Stute sie an ihr Fohlen heranlässt. Weil der Fohlengeruch auf uns übergegangen war, schleckte Kaci nach dem Aufstehen uns ebenso eifrig ab wie ihr Fohlen.

Eine Stunde nach der Geburt kam das Fohlen auf die Beine. Nach einigen Versuchen gelang es ihm, wie ein Sägebock auf gespreizten Beinen stehen zu bleiben.

Kaci war unruhig und wie abwesend. Sie quietschte verwirrt, als das Fohlen ihre Flanke berührte. Bald aber bekam das Fohlen doch die erste Portion Milch ins Mäulchen, und dann klappte es bei Mutter und Kind, als hätten sie nie etwas anderes gemacht. Auch die Beine trugen immer besser, so dass das Fohlen schon im Alter von wenigen Stunden die erste Runde um Mutter und Schwester lief.

Der Name war schon im Vorhinein bestimmt. Der römische Gott des Schlafs, Somnus, ist den Erzählungen nach der sanfteste der Götter. Seine Blume ist der Mohn, und bei der Geburt des Fohlens am 16. Juli stand der Mohn in voller Blüte.

Das Fohlen war uns auch schon vor seiner Geburt im Traum erschienen. Dazu kam, dass wir während der Nachtwachen nur mit Unterbrechungen hatten schlafen können, so dass das Fohlen wirklich wie der Gott Somnus war, der den Erschöpften endlich Schlaf beschert.

Der regnerische Morgen klarte sich auf zum sonnigen Tag. Troia verfolgte die Bewegungen des Neuankömmlings, sowohl neugierig als auch ängstlich, und Kaci wurde sich ihrer Aufgabe als Beschützerin des Fohlens bewusst. Troia hatte noch keine Ahnung, wie ihre Rolle als große Schwester aussehen würde.

Somnus ist geboren. Schwester und Mutter schlecken Menschen wie Fohlen gleichermaßen ab. Mutter und Sohn genießen den Geburtstagsmorgen.

Unten: Zur Seite gestellte Ohren signalisieren Verschlossenheit: Das Pferd ist schläfrig wie auf diesem Bild, hat Schmerzen oder ist in Gedanken. Angelegte Ohren sind ein Zeichen von Angst, Ungewissheit oder Aufregung, auch im Zusammenhang mit spielerischem Getümmel. Unruhiges Ohrenspiel bedeutet, dass das Pferd unsicher ist und Signale von verschiedenen Seiten, zum Beispiel gleichzeitige Reiterhilfen, aufzunehmen und umzusetzen versucht.

Links: Als sich die Haustür öffnet, grüßt Kaci verwirrt mit lautem Brummeln, die Nüstern vor Erregung geweitet, den Kopf hoch erhoben und die Augen weit offen. Die Ohren gelten oft als Stimmungsbarometer. Deutlicher sieht man die Gefühle allerdings an Gesichtsausdruck und Haltung. Die Ohren zeigen in erster Linie die Richtung der Aufmerksamkeit an.

Rätsel Somnus

Kaci vertreibt Troia mit Tritten und gebleckten Zähnen.

Troia konnte nicht begreifen, dass Kaci es ernst meinte. Immer von neuem versuchte sie, in die Nähe der Mutter zu gelangen. Immer wieder jagte Kaci sie rücksichtslos fort. Troia lief nervös im vollen Galopp weg, wieder zurück und einmal gegen den Zaun, als Kaci sie in die Ecke trieb.

Kaci handelte instinktiv zum Besten des Fohlens. Ein Neugeborenes kann zu schwach sein, um mit einem einjährigen, fast ausgewachsenen, aber doch kindlichen Fohlen zu spielen.

Troia hängte sich treu so nah an Kaci, wie ihr nur erlaubt wurde, ging gehorsam hinterher und wollte der Mutter schön tun. In ihrer Not öffnete sie zum ersten Mal im Leben das Maul gegenüber der Mutter und zeigte in der für Fohlen typischen Weise die Zähne, wie um zu sagen, sie sei doch selbst noch klein und harmlos.

Der kleine Bruder betrachtete Troia im Schutz der Mutter sehr neugierig. Troia war tagelang so aufgeregt über ihre neue Stellung, dass sie die Flucht ergriff, als Somnus einmal hinter Kaci hervorsprang.

Je unsicherer Troias Stellung wurde, desto höflicher verhielt sie sich den Menschen gegenüber. Weil ihr die Mutter keine Aufmerksamkeit und Anerkennung mehr schenkte, suchte Troia sie anderswo. Sie konzentrierte sich gewissenhafter und genauer auf die Zusammenarbeit.

Die erwachsenen Pferde geben den Jungen die bestmögliche Erziehung. Sie bringen ihnen bei, sowohl auf andere Pferde als auch auf Menschen Rücksicht zu nehmen. Zum Beispiel werden Islandpferde traditionell in Herden gehalten, was sie zu besonders kooperativen und umgänglichen Pferden erzieht.

Eine ausschließlich aus jungen Pferden bestehende Herde ist meist keine gute Alternative: Die Fohlen lernen weniger Gemeinschaftsverhalten, als wenn in der Gruppe Erwachsene sind, die für Ordnung sorgen. Sich selbst überlassen sind die Fohlen wie eine Bande Halbstarker, die auf der Straße ausgesetzt wurden und nun ohne die Unterstützung Erwachsener auskommen müssen. Sie gewöhnen sich an, das Gesetz des Stärkeren anzuwenden. Dieses Gesetz gilt aber nicht in einer richtigen Herde und auch nicht in Gesellschaft von Menschen. In der Wildnis ist in den Junggesellenherden immer ein älterer Hengst dabei, der der Jugend soziales Verhalten beibringt.

Im Alter von zwei Tagen kam Somnus aus Versehen so nah an Troia heran, dass er sie beschnuppern konnte. Der kleine Bruder schnaubte munter und lud die Schwester zum Laufspiel ein. Troia wagte noch nicht, Folge zu leisten, obwohl Kaci sie diesmal nicht wegjagte.

Wenn Kaci mit angespanntem Maul drohend den Kopf hebt, ist Troia gut beraten, sich im flotten Trab in Gegenrichtung davonzumachen, den Kopf gehorsam gesenkt.

Troia versorgt einen Insektenbiss.

Somnus, das rätselhafte Pferd, das Troias Weltbild ins Wanken brachte. Somnus nimmt schon jetzt hengstgemäße Aufgaben wahr. Tapfer und neugierig zugleich beobachtet er die Umgebung und hat das Gefühl, sich um die Herde kümmern zu müssen. Auch den Menschen gegenüber benimmt er sich offen und höflich wie ein Gentleman. Seine zugleich schneidige und lockere Erscheinung verrät Selbstvertrauen.

In der Herde gehen die Pferde mit denen zusammen, in deren Gesellschaft sie sich wohlfühlen. Die Distanz kann aber bis auf 100 Meter anwachsen, bevor einer der Partner wieder die Nähe des anderen sucht. Die Reihenfolge wechselt je nach Situation. Besonders dann, wenn nichts Besonderes anliegt, kann auch ein kleines Fohlen einmal die Schar anführen.

Troia und ihr Bewunderer

Somnus sucht immer mehr Troias Gesellschaft. Zur Mutter kommt er nur zum Milchtrinken.

Von Tag zu Tag darf Troia etwas näher an Kaci und Somnus heranrücken. Somnus wurde schnell zum großen Bewunderer der älteren Schwester. Er verhielt sich ihr gegenüber verspielt-respektvoll und verbrachte mehr Zeit mit ihr als in der Nähe der Mutter. Meistens graste Kaci in aller Ruhe und ließ die Kinder herumgaloppieren.

Somnus machte immer mehr Gebrauch von seinen Zähnen. Oft lief er mit geöffnetem Maul hinter Troia her und schnappte bei jeder Gelegenheit spielerisch nach ihr. Troia erwies sich als erstaunlich geduldiger Babysitter. Sie konnte mit dem Kleinen endlos spielen und ließ sich überall kneifen, ohne selbst ernshaft zurückzuschnappen.

Eines Tages brachte Kaci Somnus bei, sich vor dem Zug zu fürchten. Im Allgemeinen nahm Kaci keine Notiz von den vorüberfahrenden Zügen. Jetzt aber sah sie es als ihre Aufgabe als Beschützerin des Fohlens an, entsetzt davonzutraben. Und Somnus stürmte hinterher.

Als der nächste Zug vorüberfuhr, bekam Kaci einen Brotkorb vorgesetzt. Weil sie nun Wichtigeres zu tun hatte, beachtete sie den Zug überhaupt nicht. Somnus war gerade bei einem Nachmittagsschläfchen, und weil Kaci und Troia ruhig blieben, schaute auch Somnus dem Zug aus dem Liegen in aller Ruhe nach. Vorbildlich in ihrer Rolle als ältere Schwester pflückte Troia unterdessen ein kleines Handtuch vom Boden und winkte damit zum Zug hinüber.

Links: Im Alter von zwei Tagen kommt Somnus überraschend auf Troia zu und beschnuppert sie am Maul. Troia bleibt verblüfft stehen und macht einen langen Hals, ohne sich näher heranzuwagen. Rechts: Somnus lernt durch Abgucken und Probieren. Er verfolgt mit wachen Augen, wie Troia Heu frisst und den Leckstein benutzt. Troia hatte von klein auf die Angewohnheit, kleine Stücke davon abzunagen, statt ihn abzulecken. Ein energisches Knirschen verrät schon von weitem, wer sich gerade am Salzstein bedient.

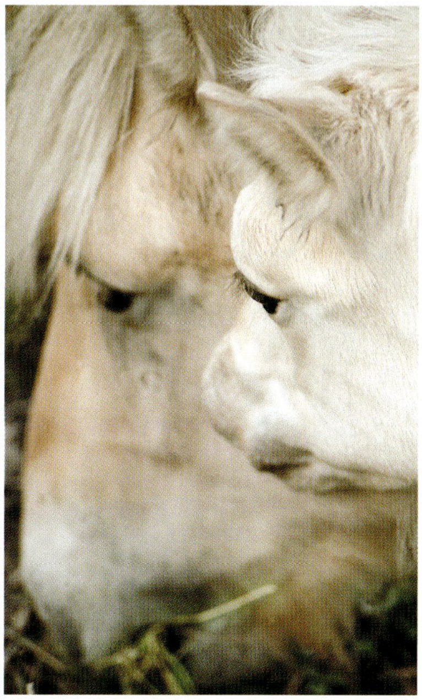

Troia ist kindlicher als Somnus und lässt sich begeistert auf das Spiel ein, auf den Hinterbeinen stehend, mit dem jüngeren Bruder zu kämpfen. Dabei macht Troia ein ganz ernstes Gesicht, obwohl ihr Gegenüber so klein ist. Rechts: Troia ist ein Kind des Augenblicks. Plötzlich fällt es ihr ein, sich zu wälzen, und Somnus bleibt verblüfft stehen und guckt, was denn jetzt los ist. Beim Wälzen bildet der Lehm eine Schutzschicht gegen Insekten und hält die Haut feucht.

Der Sommerregen kühlt ab und hindert die Insekten daran, die Pferde zu belästigen. Die Fellwirbel und der natürlich gewachsene, ungeschorene Pelz leiten das Wasser zum Boden ab.
Rechts: Somnus genießt die abwechslungsreiche Weide. Wenn die Auswahl an Pflanzen reichhaltig ist, nehmen sich die Pferde davon jeweils das, was sie brauchen.

Wie Pferde miteinander kommunizieren, lernt man, wenn man eine Herde beobachtet. Wenn die Pferde sich entspannen und viel Platz haben, sieht man das ganze Spektrum des Verhaltens. Unter anderen Bedingungen ist die Kommunikation eingeschränkt. Ein großer Stall mit vielen Boxen kann zum Beispiel verwirrend wirken. Ringsherum sind viele Pferde, aber man kann keine nähere Bekanntschaft mit ihnen schließen. Zu den Grundbedürfnissen eines Beutetieres gehört, dass es die Mitglieder der Herde kennen muss, um sich sicher zu fühlen.

Troia und Somnus begleiten als Gastschüler Kaci bei der Arbeit. So bekommen sie Bewegung und Abwechslung und lernen am Beispiel Dinge, die ihnen später, wenn sie selbst als Reit- oder Zugpferd eingesetzt werden, nützlich sind. Links: Somnus nickt in Paulis Arm ein.

Das systematische Berühren des Fohlens nennt man Imprint-Training. In der Praxis ist das Wichtigste, viel Zeit mit dem Fohlen zu verbringen und es daran zu gewöhnen, die Gesellschaft des Menschen als angenehm zu empfinden. Gleichzeitig lernt das Fohlen, seine Grenzen zu respektieren und den Entscheidungen des Menschen zu vertrauen: Es darf erst dann auf die Beine und in Bewegung kommen, wenn es entspannt ist. Man sagt, das Imprint-Training mache aus dem Fohlen auf Dauer ein leicht zu handhabendes Pferd. Das stimmt auch – wenn das Beisammensein nicht nur auf die ersten Tage beschränkt bleibt, sondern andauert.

Die besten Freunde

Die Pferde weiden im Wald. Wenn man sie ruft, kehren die Abenteurer nach Hause zurück.

Die Fohlen tummeln sich und rennen in voller Fahrt hintereinander her. Einmal ist die Schwester vorn, einmal das Brüderchen. Dann schöpfen sie Atem und vertreiben im leichten Trab die Milchsäure aus den Muskeln, mit wichtigem Gesicht, Kopf und Schweif hoch erhoben. Bald beginnt die gleiche Rennerei von neuem.

Manchmal blieben die Fohlen zurück, so dass Kaci nach ihnen rufen musste. Oft waren sie so selbstständig, dass sie keine Lust hatten, Antwort zu geben. Sie grasten ruhig weiter – sollte die Mutter sich doch Sorgen machen! Sie selbst waren nicht in Not, denn Kacis Gewieher hatte ihnen verraten, wo die Mutter sich aufhielt.

Manchmal kam Kaci schon auf dem Hof an, wenn die Fohlen noch im Wald waren. Sie erschienen erst, wenn Somnus Durst auf Milch bekam. Wenn Kaci etwas zu fressen hatte und auf Rufdistanz zum Wald war, wartete sie geduldig. Zwischendurch war auch sie gelegentlich auf Waldwanderung, und die Fohlen waren auf dem Hof. So gewöhnten sich die Pferde ohne Aufregung daran, auch einmal getrennt zu sein. Allmählich würden sie lernen, auch ohne Pferdegesellschaft vertrauensvoll zur Arbeit zu gehen. Die Situation war mit angenehmem Zeitvertreib verbunden, die Trennung dauerte nicht lange, und niemand verschwand während der Abwesenheit des anderen.

Somnus wuchs zu einem gewissenhaften Junghengst heran. Er war von Anfang an von allen der Sanfteste, wie sein Namensgeber, der römische Gott der Träume. Wie verschieden die Geschwister waren, zeigte sich schon sehr früh. Troia war fast so groß wie Kaci, doch vom Verstand her würde sie noch auf Jahre hinaus ein Fohlen bleiben. Somnus war von Anbeginn kleiner, aber reifer und überlegter als die Schwester. Es lag in seiner Natur, Situationen gescheit und furchtlos anzugehen. Während Troia sich vom neuen Traktor des Nachbarn erschrecken ließ, lief Somnus selbstsicher hinzu und untersuchte die Sache. Er lernte auch schnell, den Riegel am Scheunentor anzuheben, um an die Heuballen heranzukommen. Und er steckte den Kopf bis zum Widerrist in einen dunklen Sack, nur weil darin Mohrrüben waren.

Eines Tages half er dabei, Holzscheite aufzuschichten. Erst verfolgte er nach seiner Art jeden Arbeitsgang aus nächster Nähe. Dann ergriff er selbst ein Scheit mit den Zähnen und legte es von einem Stoß auf den nächsten. Als er von den höchst beeindruckten Menschen gelobt wurde, holte er sich noch ein Scheit und auch noch ein drittes. Allerdings nahm er sie vom Karren weg, statt welche dazuzulegen, wie eigentlich gedacht war.

Aus eigener Initiative lernte er auch, die Türklingel zu benutzen. Nachdem er höflich geklingelt hatte, öffnete er die Tür, indem er mit den Zähnen die Klinke drehte. Einmal spazierte er bis in die Küche. In aller Ruhe verspeiste er eine angebotene Möhre und sah sich um, als dächte er bei sich: Also so wohnt ihr. Dann drehte er sich um und spazierte hinaus.

Er war der Augapfel seiner Mutter und der beste Kamerad der älteren Schwester, die ihn fortwährend zum Spielen aufforderte. Die Geschwister unternahmen alles zusammen und schliefen sogar nebeneinander.

Obwohl Kaci Troia nach Somnus' Geburt weggescheucht hatte, durfte die Tochter bald wieder in den Schutz der Mutter zurückkehren. Mutter und Tochter betrieben schon nach ein paar Wochen wieder ausgiebig gegenseitige Fellpflege. Die Beziehung zwischen Fohlen und Mutterstute hört, ebenso wie die anderen besonderen zwischenpferdlichen Beziehungen, auch nach Jahren nicht auf. Das Pferd braucht seine Familie, seine Menschen und die Pferdeherde für immer. Die Freundschaft dauert ein Leben lang.

Links: Die Geschwister im Eifer des Spiels.
Oben: Heimkehr aus dem Wald.

Sini und Kaci halten Mittagsschlaf.